工匠精神

亓妍 著

延边大学出版社

图书在版编目（CIP）数据

工匠精神 / 亓妍著. -- 延吉：延边大学出版社，
2020.12

ISBN 978-7-230-00646-0

Ⅰ．①工… Ⅱ．①亓… Ⅲ．①职业道德 Ⅳ．
①B822.9

中国版本图书馆 CIP 数据核字(2020)第 255445 号

工匠精神

著　　者：亓　妍
责任编辑：邵希芸
封面设计：延大兴业
出版发行：延边大学出版社
社　　址：吉林省延吉市公园路 977 号　　　邮　　编：133002
网　　址：http://www.ydcbs.com　　　　E-mail：ydcbs@ydcbs.com
电　　话：0433-2732435　　　　　　传　　真：0433-2732434
制　　作：山东延大兴业文化传媒有限责任公司
印　　刷：延边延大兴业数码印务有限责任公司
开　　本：787×1092　1/16
印　　张：11
字　　数：200 千字
版　　次：2022 年 3 月 第 1 版
印　　次：2022 年 3 月 第 1 次印刷
书　　号：ISBN 978-7-230-00646-0

定价：56.00 元

作者简介

亓妍，女，汉族，中共党员，现任北京吉利大学管理系副教授。长期从事企业管理的教学和研究工作，侧重于人力资源管理、群众性经济技术创新、劳模创新工作室、工匠精神的培养与弘扬等方面的研究。

前　言

　　工匠精神，表现在对待工作精益求精、不墨守成规上，表现在不断用新技术创造新工艺上，表现在不断超越自我实现社会价值上。工匠精神中蕴含的创造力，是推动产业结构优化、升级的重要因素。工匠精神是弘扬社会主义核心价值观和引领社会风气的重要力量。我们要赋予工匠精神新的时代内涵，用工匠精神点燃当代劳动者的热情。

　　社会主义核心价值观是当代中国精神的集中体现，凝结着全体人民共同的价值追求。工匠精神所蕴含的创造性思维对国家层面的价值观培育具有积极的现实意义。工匠精神体现出的价值内涵与社会主义核心价值观一致，是精神文明建设的主要内容。精益求精的工作态度是工匠的生存之本，是工匠职业操守的基石。这种工作态度对社会主义核心价值观的培养、社会良好风气的养成具有积极的推动作用。要使工匠精神的价值取向与社会主义核心价值观保持一致，需要我们用创造性思维在工作中不断凝练和升华工匠精神。

　　在中华文明数千年的历史演进过程中，历代工匠创造出的各种艺术品成为我国灿烂文化的缩影，这些艺术精华闪耀着工匠们特有的精神品质，蕴含着工匠精神。这种精神与中华民族优秀的传统文化不断融合，已经成为我国民族精神文化的重要内容，彰显出工匠精神的巨大能量。古代工匠对制作工艺精益求精的态度和精神，激励着一代又一代的建设者。今天，无论是基础设施的建设，还是高科技领域的建设，当代工匠都在用自己的汗水和心血，延续着中华民族自古以来对工匠精神的追求。

工匠精神体现着劳动者坚守职业技能、职业操守的可贵精神，体现着他们对高尚人格和完美事物的追求。因此，应该在全社会大力推广工匠精神，提升整个社会劳动者的素质，确立和培养社会主义核心价值观；要从源头上加强制度保障，在全社会弘扬工匠精神，营造良好的社会氛围；用优秀的文化滋养工匠精神，推动工匠精神成为社会新风尚。

目　录

第一章　工匠精神导论

第一节　工匠精神概述

敬业、精益、专注、创新等方面的内容是工匠精神的基本内涵。工匠精神是"中国制造"前行的精神动力，是社会文明进步的重要尺度，是企业竞争发展的品牌力量，是员工个人成长的道德指引。

一、工匠精神的内涵

工匠精神是社会文明进步的标志。对于工匠而言，他们最大的乐趣就是不断地对自己的产品进行雕琢、修饰，不断地对工艺进行改善、提高，力求完美。工匠们十分注重细节，追求工艺与产品的完美和极致，坚持打造精品，使产品具备卓越的品质。这种精益求精的精神，我们就称之为工匠精神。

工匠精神是一种在时代发展的背景下伴随着时代文明而产生和不断发展的技术、实践以及道德方面的精神追求，与社会的经济发展状况密切相关。工匠精神包含了以下四个方面的内容：

（一）爱岗敬业

敬业是对从业者的基本要求，从业者要对所从事的职业有敬畏和热爱之心，要有全心全意、恪尽职守的职业精神。"忠于职守"是中华民族的传统美德，是工匠的基本素质之一。

（二）精益求精

精益求精、追求极致是工匠精神的核心体现。从业者对每件产品、每道工序都凝神聚力、严格要求，只为保证上乘的质量，这种精神也是现代企业永葆生命力的重要保证。

（三）执着专注

专注是"大国工匠"的必备特征。工匠精神意味着执着、笃定、坚韧，是"术业有专攻"的坚定信念，能够在一个行业里心无旁骛地积累知识、提升技能，最终成为行业中的佼佼者，成为推动社会发展重要力量。

（四）勇于创新

工匠精神还包含着于突破、敢于变革的创新意识。古往今来，科技进步离不开工匠们的发明精神，如中国古代的四大发明，工业革命时代的蒸汽机、灯泡、飞机等。在创新力量的推动下，社会发生了翻天覆地的变化。

总而言之，工匠精神是从业者的职业取向和价值追求，是社会发展的不竭动力。

二、工匠精神的外延

工匠精神的外延可以从横向和纵向两个角度进行划分。横向角度的工匠精神培养可以分为学校和社会劳动者两类。从学校方面来说，在我国目前的职业教育中，学校注重的不仅是给学生传授某项技能，更重要的是培养学生的综合素质，其中，培养的核心就是工匠精神；从社会劳动者的角度来说，当代劳动者工匠精神的培养也被提升到了一个新的高度。许多纪录片、访谈节目等也对工匠精神进行了积极的宣扬，比如，纪录片《大国工匠》主要讲述了24位不同职业的劳动者用他们的双手和汗水共同筑起梦想的故事。尽管他们没有很高的学历，只是在平凡的岗位上磨炼自己的技能，但最终还是通过自己的双手和不懈追求的信念达到了职业技能的极致水平，成为行业内难得的人才。

纵向角度的工匠精神体现在不同时期对工匠精神的不同理解上。新中国成立后，人们的思想被解放，开始崇尚"劳动最光荣"的社会风尚，许多行业开始焕发出勃勃生机，工匠精神也由此得到了进一步的发展。

三、工匠精神的时代特征

一名优秀的工匠，不应该只具备相关的技艺，还要有一个正确的世界观、人生观、价值观，同时具备良好的职业思维、职业态度、职业操守和综合素质。工匠精神的时代特征具体表现在以下三个方面：

（一）实践取向

工匠精神首先应该体现在具体的实践上。没有具体实践，工匠精神就没有实际意义。工匠精神具备一定的物质性和客观性，反映了客观规律，正如，无论多么精巧的技艺，也无法制造出"永动机"。工匠所掌握的特殊技能作用于客观物质，是一种明显区别于理论研究的实践活动。工匠精神能够充分激发劳动者的积极性和创造性，使工匠在积极精神的指引下更好地进行创新、创造活动。当下，尽管人们已经利用先进的科技制造出了机器人来代替人类的部分劳动，但机器人毕竟不具备人的思维，其工作都是重复性和机械性的，无法代替具备创新、创造能力的工匠。当今社会，工匠精神的重要性已经得到了人们的广泛认可，现代社会需要这种精神。

（二）技术取向

工匠掌握着专业技术，因此，工匠精神也具有应用性、不稳定性以及复杂性等特征。一方面，技术是一种基于发展规律和相关理论的实践形式，工匠能够将其相应地运用于实践，使其具备极强的生命力；另一方面，技术的进步是一个从简单到复杂、从单一到多样的过程，需要经过社会的凝练。技术不是一项稳定不变的能力，而是时刻处于变化中的，因此，要想让技术有所发展，就必须不断地进行学习。这种学习精神和适应变化的能力正是工匠所需要的。此外，技术还具有系统性和复杂性。工匠要具备团队协作精神和不断探索的毅力才能使技术得到最大程度的发挥，因此，工匠精神也体现在探索能力和合作能力上。

（三）道德取向

工匠精神要求人们具备良好的道德品质，能够坚守信念，勇于担当，具有良好的综合素养，从而让技能得到正确的施展。此外，还要在符合道德规范的基础上加强制度建设，让技术更能适应社会变化的需要。

工匠精神在当今社会中有着重要的学习价值。我们在学习方面、企业发展方面、社会生产方面都需要具备工匠精神。只有具备工匠精神，用高标准严格要求自己，坚持信念，严谨做事，才能取得理想的成绩。如今，尽管工匠们已经渐渐淡出了人们的视野，但工匠精神永远都不会过时。

四、中国古代工匠精神的外延

中国古代工匠创造了无数的文化艺术精品，中国古代工匠也从来不缺少工匠精神。由于工匠制度、社会地位以及文化传统的不同，与其他国家工匠们的工匠精神相比，中国古代工匠精神有着自己独特的外延。由于不同历史时期的社会环境、生产内容、技术要求、科技水平等不同，工匠精神在不同的历史时期表现出了不同的具体内容和外延。通过对不同论者的观点进行研究，对我国古今工匠精神的案例进行收集和整理，笔者认为以下五个方面基本能够体现出我国传统工匠精神的外延，或称为工匠精神的内核：

（一）工作追求：精益求精

在"庖丁解牛"的故事中，庖丁告诉我们，要按照牛的本来结构（事物的本质特征）去屠宰牛并解剖牛的躯体，遇到复杂的部分，要格外小心，集中注意力，动作缓慢，精心处理，到最后便能豁然开朗。做任何事都要心到、神到、手到，才能达到出神入化的境界。工匠精神的核心就是要树立一种对工作执着，对所做的事情、所制造的产品精益求精、精雕细琢的精神。

人们常说："术到极致，几近于道。"说的就是对工作、对手艺的追求精神。干将莫邪十年磨一剑，《庄子·达生》记载的制鐻（jù）的梓庆，都是典型的工匠代表。

中国工匠追求"精确"，所谓"差之毫厘，谬以千里"就是例证。欧阳修在《归田录》中记载的汴京开宝寺塔的建造也是典型的实例。都料匠预浩把塔建好后，人们发现"望之不正而势倾西北"，竟然成了斜塔。预浩解释说："京师地平无山，而多西北风，吹之不百年，当正也。"意大利的比萨斜塔因倾斜而闻名于世，但主要是由于地基不均匀沉降造成的，应该是质量事故而不是设计者的初衷，后人曾经试图扶正而不得，只好维持其倾斜状态，遂成为著名的景点，实在是"歪打正着"，而开宝寺塔则是在充分考虑到气候因素的前提下，精确计算，刻意为之。这样来看，不光中国古人要感慨预浩"用心之精盖如此"了，就连西方的能工巧匠也要自叹不如。

再如，清代建筑工匠世家—雷氏家族，他们设计了中国近 1/5 的建筑遗产。雷氏的每个设计方案，都按 1 比 100 或 1 比 200 的比例先制作模型，然后再制作实物，比我们现在画的图纸要精确得多，大概类似于现在的建筑信息模型技术。更为可贵的是，瓦顶、台基、柱枋、门窗甚至床榻、桌椅、屏风等部件也都要按比例制成。其工作精心、精细、精准、精确的态度可见一斑。

（二）工作态度：专心专注

中国古代工匠工作时专注于心，心无旁骛。一件作品，要想达到精致甚至完美的程度，就必须专心致志地做好工作的每个环节。《庄子·达生》记载了梓庆制鐻时的做法：先斋戒七天，使身心都达到最佳状态，然后再进山选择木料，选料之前先在脑海中勾画出鐻的模样，寻找到完全匹配的木料时才动手加工，一旦开始进行雕刻，则专心致志、凝神聚气，全身心地投入到工作中。

中国古代工匠追求专注，认为："蚓无爪牙之利，筋骨之强，上食埃土，下饮黄泉，用心一也。蟹六跪而二螯，非蛇鳝之穴无可寄托者，用心躁也。"中国工匠的工作精神就像"用心一也"的蚯蚓，工作专心专注，认真努力，一丝不苟。干将莫邪专心专注十年，铸造了一代名剑。中国古代工匠中，一生只做一件事并且把它做到极致的例子很多。人们轻视甚至反感那些唯利是图、见风使舵，哪行赚钱就转哪行的"机灵人"。真正的工匠，一般都是"师傅领进门，一干干终身"的，即使这一行的工作艰辛、收入菲薄，他们也义无反顾，只专注于技艺、专心于作品，刻苦勤勉，将制作出精品视为他们一生的追求。

（三）职业道德：尊师重教

古人说的"道"是指规律，如老子在《道德经》中有云："道可道，非常道，名可名，非常名。""道"是人类乃至万物所必须遵守的普遍规律。同时，这里的"道"又有伦理道德的意思。在中国古代，"术"与"技"是同义词，都是指对某一事物的具体操作方法或技术技能。对技术与道德关系的讨论，可以概括为"以道驭术"，指的是技术行为和技术应用不仅要受规律的指导，还要受伦理道德规范的驾驭和制约。"以道驭术"的观念，不仅给"术"做了一个理论指导，还给了它一个具有约束力的道德规范，从而避免了"术"的负面影响，即"奇技淫巧"的产生，引导技术朝正确的方向发展，促进了社会的进步。在现代，"以道驭术"就相当于从业人员要遵守职业道德和科技理论。

尊师重教的"师道精神"是工匠精神的另一个重要表现，在"父为子纲"的封建时代，古代工匠技艺都是父传子或师传徒，而且师徒如父子，可见师徒关系之紧密、徒弟对师傅的尊重。徒弟不仅要尊重师傅，而且要尊重同门，否则就会被逐出师门，受到同行乃至社会的唾弃，被逐出师门应该是徒弟们最大的耻辱，也意味着他从此无法在这个行业甚至地区容身。所以，尊师重教不是一句随便喊喊的口号，而是一种工匠精神的体现。

（四）人生境界：淡泊名利

做工匠就要耐得住寂寞，要踏踏实实、认认真真地工作，淡泊名利，宠辱不惊。王国维在《人间词话》中巧妙地以古人的诗句作喻，提出："古今之成大事业、大学问者，罔不经过三种境界：'昨夜西风凋碧树，独上高楼，望尽天涯路。'此第一境界也。'衣带渐宽终不悔，为伊消得人憔悴。'此第二境界也。'众里寻他千百度，蓦然回首，那人却在，灯火阑珊处。'此第三境界也"。王国维提出的观点同样适用于工匠精神，而且工匠们的工艺制作和绘画、书法、雕刻等艺术创作是大同小异的："昨夜西风凋碧树，独上西楼，望断天涯路"，即接收工作任务并思考构造计划；"衣带渐宽终不悔，为伊消得人憔悴"，即精心制作，忘我工作；"众里寻他千百度，蓦然回首，那人却在，灯火阑珊处"，即用心完成一件作品后的心情就像在人群中找到了心仪的人一样愉快。

李白说"古来圣贤皆寂寞，惟有饮者留其名"，工匠又何尝不是如此。《尚书·虞书·大禹谟》有云："人心惟危，道心惟微；惟精惟一，允执厥中。"只有沉得下心、坐得住"冷板凳"的工匠，才能真正做出独具匠心、经得起时间检验的作品。

古代工匠宠辱不惊、淡泊名利，不好高骛远。梓庆"斋三日，而不敢怀庆赏爵禄，斋五日，不敢怀非誉巧拙"，在做鐻之前，已经把功劳、地位、金钱、荣誉统统放下，只专心工作，从而达到了宠辱不惊的境界，这就是工匠精神。

（五）工匠的创新精神

部分工匠，尤其是名匠，拥有不断创新的精神，如我国的建筑鼻祖、木匠鼻祖鲁班，他生活在春秋末期到战国初期，出身于世代工匠的家庭。鲁班从小就参加了许多土木建筑工程劳动，逐渐掌握了生产劳动的技能，积累了丰富的劳动经验。据说，木工师傅们用的工具，如钻子、刨子、铲子、曲尺和画线用的墨斗等都是鲁班发明的。鲁班的名字，已经成为古代劳动人民智慧的象征。大多数工匠只是规范的执行者，创新能力不足。

中国古代工匠不仅为我们创造了无数的艺术瑰宝，还为我们留下了宝贵的精神文化产品—工匠精神。继承传统的工匠精神，发扬古代工匠精神中精心专注、勤劳刻苦等优良传统，对工人制造精品，提升"中国制造"品质乃至实现中国经济增长都具有很大的现实意义。

第二节　中国工匠精神探源

中国工匠精神有一个孕育、发芽、生长、开花、结果的过程。对中国工匠精神的探源主要是追寻其孕育、发芽时期的特性。本节尝试从技术（物质）和伦理道德（精神）两个层面厘清工匠精神源头的同时，进一步探索技术与伦理道德之间的关系。基于区域文学理论，对工匠精神的探源包括两项内容，即源头阐释和源地探源。源头阐释是指深入地分析、挖掘在工匠精神产生、成长过程中不断显现的胚胎式基因，源地探源是指分析工匠精神源于山东枣庄区域的历史地理因素。

一、中国工匠精神与枣庄区域文化

枣庄地区以其丰富的古代神话遗存初步显示了中国工匠精神的源地特点。

（一）工匠精神与中国古代神话

神话是对不同民族生活的反映，发展历程千变万化，呈现的神话表征也截然不同，如主题风格、叙事特点、神话形象等，皆各具地域特色。不同的神话造就了不同的人，这种文化差异作为民族文化的基因被一代代人传承下来，在历史的演进中被不断地丰富和强化，最终沉淀、定型，形成了各自独特的伦理精神和民族性格。

中国古代神话虽然很丰富，但始终流传于民间，在文化地位上处于非正统的位置，记载得散、乱、少、杂，无法与规模宏大、内容系统的希腊罗马神话相提并论，而这一点也导致了东西方工匠精神价值本源的最终分野。中国古代神话呈现出这一特点的原因有很多，本节倾向鲁迅先生在《中国小说史略》中所持的观点："中国神话之所以仅存零星者，说者谓有二故：一者华土之民，先居黄河流域，颇乏天惠，其生也勤，故重实际而黜幻想，不更能集古传以成天文；二者孔子出，以修身齐家治国平天下等实用为教，不欲言鬼神，太古荒唐之说，俱为儒者所不道，故其后不特无所广大，而又有散佚。"鲁迅先生指出了中国神话琐碎、零散的两大原因，其一，上古时代环境恶劣，生活艰难，人们养成了勤奋、务实的性格，故而神话对伦理道德的影响是潜在的，也给中国工匠精神打上了深刻的烙印。其二，孔子所创的儒家思想在中国古代长期居于正统地位，其"敬鬼神而远之"的态度也在一定程度上阻碍了神话的发展。

在内容上，伦理性是古代神话的优势。在中国古代神话中，人们首先关心的是神话形象的"道德属性"是善还是恶，对善的重视和追求远远超过对美和真的重视和追求。在中华民族的创世神话中，伏羲、女娲分别是中华民族的人文始祖和上古神话中的传世女神,他们就是中华民族善的代表和化身。传说中,伏羲结网,发明渔猎工具"罟(gǔ)",发明乐器"琴瑟"等,规范婚姻制度礼仪,画八卦以明太极天理。女娲抟土造人,炼石补天,断鳌足以立四极,发明乐器"笙簧",做女媒,置婚姻。

古代神话也有技术层面上的工匠精神萌芽。如山海经记载的祝融击石取火,共工筑堤蓄水,有巢氏构木为巢,奚仲造车等。相传舜"陶河滨,河滨器皆不苦窳(yǔ)",说的是舜在河滨制陶时,精益求精,以身示范,带动周围的人们杜绝粗制滥造的故事。

就伦理道德层面来说,中国古代神话中有潜在的工匠精神基因,具有"以天下为己任"的"尚德"精神;就技术层面来说,具有精益求精、不断创新的特点;就伦理道德和技术的关系层面来说,具有知行合一的实践精神;就价值本源来说,具有中国文化"以人为本"的尚德精神和精益求精的创新精神以及"知行合一"的实践精神。这就是中国的工匠精神,它孕育在古代神话中,并作为中国工匠精神的基因,在中华民族此后的文化演进过程中一再显现。

(二)中国工匠精神与枣庄古代神话遗存

首先,以峄(yì)城区为中心的鲁南地区是女娲神话流传的核心区域。鲁南枣庄区域内与创世神话相关的遗物、遗迹和地貌具有集中性、丰富性和原始性的特点。各种资料、史籍证明,枣庄是伏羲、女娲神话流传的主要地区。枣庄境内有许多与伏羲、女娲有关的历史遗存,其中以今枣庄市山亭区西集镇伏里村及周边地区最为明显,伏里村中有伏羲庙,村旁有伏山,更突出了伏羲故里的特征。在枣庄地区曾多次出土了刻有伏羲、女娲人首蛇身交尾的汉画石像，由此可见，伏羲、女娲兄妹居住在枣庄的故事流传深远。

其次，枣庄是孕育中国工匠精神的地区。伏羲、女娲、共工等人的身上承载着中华民族的传统文化基因，他们身上体现着胚胎式、基因式的工匠精神，滋养了我们中华民族五千多年的历史文化，其丰功伟绩流传至今。当然，尽管有丰富的史料佐证，创世神话源地仍然是一个容易惹人争议的话题。但是，枣庄丰富的历史遗存足够证明创世神话对该地区的深刻影响和不容争辩的文化烙印，而这正是孕育工匠精神的先决条件。

二、中国工匠精神的形成

枣庄优越的自然环境和深厚的文化积淀孕育了中国的工匠精神，在先秦时期，车神奚仲、百工圣祖鲁班、科圣墨子，三位生于枣庄的历史巨匠承前继后，奠定了中国工匠精神的基础。

（一）坚持不懈的创新精神

对于奚仲造车的创新精神，墨子给予了高度的评价："古者羿作弓，伃作甲，奚仲作车，巧垂作舟；然则今之鲍、函、车、匠，皆君子也，而羿、伃、奚仲巧垂，皆小人邪？且其所循，人必或作之，然则其所循皆小人道也。"

创新精神还体现在重视机械原理的确立上。鲁班作为工匠的杰出代表，他在"云梯"和"木鸟"的设计和制造中所体现的机械原理是丰富、科学的。

制造器物时的创新精神还体现在追求美观、舒适上。这一特征主要体现在鲁班身上。纵观鲁班的发明创造，他不仅关注器物的实用性，而且还注重器物外形的美观性，传说他刻制过精巧绝伦的石头凤凰。

（二）崇德尚贤的民本精神

墨子主张以"兼爱"为核心的民本思想。墨子主张的爱完全突破血缘和等级，主张实现人与人之间普遍、平等地相爱、互助。为达"兼爱"之目的，"行天下之利，除天下之害"（《墨子·兼爱中》），既有平治天下的胸怀，又有见义勇为、舍己救人的牺牲精神。墨子的思想不仅影响了一代门徒，而且对我国尤其是鲁南地区厚道、仗义民风的形成产生了深远的影响。

纵观奚仲、鲁班的发明创造，可以发现其"崇德尚贤"的民本精神，刚开始形成便成为中国工匠精神的走向。

（三）执着专注的工匠精神

首先，为保证器物的品质，必须依"法"制作。这个"法"就是矩、规、绳、悬、水规定的数。《淮南子·修务训》有云："无规矩，虽奚仲不能以定方圆；无准绳，虽鲁班不能以定曲直。"

其次，为确保制造的器物达到最佳效用，注重对制造器物的模拟试验。鲁班与墨子都十分注重对制造出来的器物进行模拟试验，检验器物能否达到设计的预期效果。墨子与鲁班关于"云梯"效用演示之争，表面上看，墨子为止楚攻宋，但从墨家手工集团十分注重技艺发展的思想实质上看，二者关于"云梯"效用的演示，是一次很典型的模拟试验。

（四）知行合一的实践精神

墨子出身于工匠，是由工匠上升为士的，春秋时期，士人们开始与匠人划界，但墨子仍然坚持直接参加手工匠的生产劳动，并以拥有精湛的手工技术为荣。《庄子·南华经全集》以此评价墨子："以绳墨自矫"，绳墨即木匠。《淮南子·泰族训》有云："墨子服役者百八十人，皆可使赴火蹈火。"墨家成员也大都直接参加了各种工艺技术活动，掌握了各种手工业生产技术。

（五）传承技艺的师道精神

鲁班被尊为百工圣祖，其知行合一的教育理念对现代学徒制的发展具有重要的启迪作用。墨子要求"兼士"必须符合三条标准，即"厚乎德行""辩乎言谈""博乎道术"，即"兼士"必须是拥有高尚品德、渊博学识、精湛技艺的综合型人才。

第三节　工匠精神的国际比较

随着国际分工与合作的深化，一方面，造就了"中国制造"的新局面，另一方面，也弘扬和发展了工匠精神。

2016 年，工匠精神被首次写入中国政府工作报告。报告强调"努力改善产品和服务供给"应抓好三个方面的工作重点，即"鼓励企业开展个性化定制、柔性化生产，培养精益求精的工匠精神，增品种、提品质、创品牌"。当前，社会各界普遍倡导工匠精神的回归，既体现了中国制造业在发展过程中的反思，也反映了"中国制造"向"中国智造""中国精造"转变的决心和愿景。

在"中国制造 2025"的背景下，实现"互联网+"制造业的融合与重构，不仅需要大批科学技术专家，也需要千千万万的能工巧匠。研究、比较其他制造强国的工匠精神，分析、总结及传承工匠精神，对推动我国企业转型升级和创新发展具有重要的理论与现实意义。

一、工匠精神的概念

所谓工匠精神，即工匠们对产品设计独具匠心，对品质管理精益求精，对生产工艺一丝不苟的理想精神追求。工匠精神是一种敬业精神，是对所从事工作的锲而不舍，对质量要求的不断提升。工匠精神也是一种创新精神，从工作环节的变革，到新产品、新技术的研发，都可以提现工匠精神。在日常工作中，工匠精神更多地表现为一种追求和气质，是对工作的一丝不苟，对产品的精心打磨，对品牌的精心呵护。

二、工匠精神的国际比较

（一）"德国制造"中的工匠精神：完美技艺与精湛品质

德国的工业化道路是技术立国、制造兴国，而从内部支撑德国工业化道路的就是工匠精神。其工匠精神是深深地根植于"德国制造"，崇尚标准主义、专注主义和实用主义，并百年传承的灵魂根基。可以说，德国的企业，没有一家是一夜暴富、瞬间就成为全球焦点的。开始时，它们往往都是专注于某项产品、某个领域的中小微企业，后来逐渐发展成为经营数百年以上的、高度注重产品质量和效益的世界著名公司，被业界称为"隐形冠军"。在世界 500 强中，虽然大的德国企业不多，但是全球至少有一千多个细分市场的"隐形冠军"是德国企业。"德国制造"，追求的是质量和工艺的完美结合，而非规模的庞大。

"德国制造"中的工匠源于其双轨制职业教育。德国的工匠人才培养途径主要有两条：一条是沿着小学—文理中学—大学的路径，培养从事科学和基础理论研究的学术研究型人才；另一条沿着小学—普通中学或实科中学

（德国近代着重讲授自然科学和实用知识的学校）—职业院校的路径，培养可以直接就业的技能型人才。通过双轨分流，让学生反复评估自己，明确自己的兴趣和能力。据资料统计，至少一半以上的德国青少年在中学毕业后会接受双轨制职业教育，每个工作日有三天在企业中接受实践训练和教育，另外的两天在职业院校进行专业的理论学习和技能培训，总的学习时间规定为两年至三年。德国双轨制职业教育主要由以下五个特点：①企业实践与学校理论教育有机结合，有利于学生毕业后快速投入工作；②企业和社会力量广泛参与；③学校课程设置科学，职业教育有法可依；④可以在多种教育形式之间灵活转换；⑤宽进严出，培养方案严格。值得思考的是，双轨制职业学校的设置由政府主导，各个职业院校的专业设置与区域经济和社会发展实际状况相协调，政府合理地规划、统筹各校的类型选择和专业设置，使学校的优势、特色更加鲜明，避免同质化竞争和教育资源浪费，极大地提高了办学效益。

（二）"日本制造"中的工匠精神：专注执着与精益管理

"日本制造"强大的秘诀在于其工匠精神。日本对工匠传统的承袭，是根植于社会各个层面的普遍价值，这是一种由文化自信转换而成的坚持与执着。无论是六十多年来只做寿司的饮食匠人小野二郎，还是规模只有 45 人，只做"永不松动"螺母的哈德洛克（Hard Lock）工业株式会社，都在诠释着"日本制造"的内核，即追求完美的极致精神，专注一个领域并做到极致。"日本制造"中的工匠精神重点在于，不仅是把工作当作赚钱营生的手段，而是在内心深处树立一种对工作敬畏、对产品精益求精、对事业孜孜矻矻的精神。众多日本企业中，工匠精神在企业内部形成一种文化、思想上齐心协力的追求和共同的价值观，并由此培养了企业的内生成长机制。

"日本制造"中的工匠精神还体现在其精益管理上。日本能从二战后的百废待兴中能成功突围，并跻身于世界制造强国之林，离不开一系列的管理创新和制度变革，突出体现在其大力推行质量管理改革上，日本将美国的精英主义质量管理改造了成全员主义质量管理。推广"零缺陷"运动，推行精英生产方式。同时，积极推动组织变革，努力营造"在一个稳定的生产条件下兢兢业业地生产品质优良的产品"的组织氛围，最终形成了"日本制造"的工匠精神。

"日本制造"中的工匠精神源于"匠人研修制度"。日本企业的"家文化""终身雇佣制""有序竞争"等为其技艺传承、专精小众产品的发展提供了很好的"养分"。"秋山木工"是一家专业定制家具的日本公司，其从1971年创立之初的3名员工，发展至今只有30余人，持续为客户提供可使用一两百年的家具。创始人秋山利辉在企业经营管理实践中创立了严格的八年"匠人研修制度"，从培训"通人"入手，以培育"达人"为目标。一年预科，四年学徒，三年学带徒。后三年里，经过五年基本训练的学徒开始扮演传承者的角色，并在带徒的传承过程中进一步体会、总结工匠精神。"秋山木工"将"一流匠人"源源不断地输送到了日本及世界各地。

（三）"美国制造"中的工匠精神：发明创新与价值发现

美国文化中的工匠是"思想自由的炼金术士"；工匠的核心，在于汇集、改进可利用的技术来解决问题或增进价值的，从而创造财富；工匠精神是一种信仰，是美国对创新的投入和对工匠精神的实践，是美国创新生生不息的源泉。美国人将工匠的意义表述为不拘一格，依靠意志和拼搏的劲头做出改变世界的创新发明的人。在美国，托马斯·阿尔瓦·爱迪生、本杰明·富兰克林、迪恩·卡门、莱特兄弟（哥哥威尔伯·莱特，弟弟奥威尔·莱特）等都是杰出工匠的代表。富兰克林被认为是美国历史上第一位工匠，他的发明事例被写入美国的教科书。总统乔治·华盛顿也是一位卓越的工匠，是一位博学多思、凭借自己的兴趣和努力重建世界的创新者。

美国工匠精神的基本内涵是在无法预知结果的"破坏性行为"中探索、创造新事物。执着于新生事物，注重创造，在意想不到的地方或是不经意间的探索中发现价值。遵循的通常是基本原则和普世价值。美国的工匠精神表现出积极创造的一面，是因为根植于他们文化土壤里对创新者的崇拜。

（四）"中国制造"中的工匠精神：创造修行与潜精研思

2016 年，工匠精神首次被写入政府工作报告。中国在惊羡国际制造强国的工匠精神之余，需要定义符合新时代中国的工匠精神。由此，"新工匠精神"的概念应运而生。中国的"新工匠精神"可以概括为"创造、匠品、修行、潜精研思"。具体特质体现在四个方面：一是"新工匠"的标识应更加醒目，创新的氛围应更加浓厚；二是超越个体劳动者及制造业的需要，拓展至每个行业；三是提倡工作是一种美好的修行，是追求极致的信仰；四是继承传统工匠们"专注、耐心、一丝不苟"的精神，并进一步将其升华为"潜精研思"。

三、借鉴与启示

（一）"中国制造"弘扬和传承工匠精神，重点在于构建全方位、多层次的中小企业专业技能培养体系

工匠精神的养成和"中国智造""中国精造"目标的实现都离不开工匠人才的培养。应以工匠精神为指导，着力搭建企业、特别是中小企业人才的技能学习、训练平台，以技能竞赛、行业标兵等为抓手营造工匠氛围，鼓励中小企业人才不断提升专业技能水平，提高业务素质，努力成为一流的技术人才。不断强化中小企业专业技能的工艺传承，推出精益求精、标准化设定等工艺品牌。加大对专业技能型人才的激励力度，培养专业技能型人才的"培养+考核"机制，构建全方位、多层次的中小企业专业技能培养体系。

（二）"中国制造"弘扬和传承工匠精神，难点在于"新工匠"文化的培养和根植

工匠精神可分为两种，一种是小匠人精神，把技艺作为自己安身立命之本；另一种是大工匠精神，把对技能的钻研作为实现自我价值的追求。因此，企业对工匠的培养，应将工匠精神融入企业文化建设的过程中，将有形的物质激励和无形的精神引导有机结合在一起。倘若一家企业的领航者具备工匠精神，相信这家企业的员工也会被这样的气质所吸引和感召，这家企业的产品自然会因其独具匠心的特性而屹立于市场。

（三）"中国制造"弘扬和传承工匠精神，目的是提质增效，助推我国由制造大国向制造强国的转变

开启一个创新驱动的"中国智造""中国精造"新时代，既需要天马行空的"创造力"，也需要脚踏实地的"匠心"。工匠精神的核心是精益求精。无论是科技发展，还是社会进步，倡导极致的工匠精神，追求完美的工艺和质量，是推动"中国制造"转型升级的动力。把工匠精神融入生产、设计、服务、管理的每个环节中，"中国制造"才能真正实现由"量"到"质"的突破。

第四节　工匠精神与立德树人

近年来，工匠精神受到前所未有的关注，不仅逐渐成为最具时代性的话语，而且展现出极其强大的传播力和感召力。新闻报道中，这个时代的"大国工匠"以及他们爱岗敬业、服务社会的先进事迹；广告宣传中"精益求精""匠心独具""追求极致"似乎成为产品推广的制胜法宝；纪录片向人们讲述古今匠人的故事；综艺节目用匠人匠艺的现场展示吸引观众等。本节尝试从立德树人的角度来探讨工匠精神的时代意义和培养路径。

一、工匠精神流行背后的道德期许

工匠精神的广泛流行，与国家的决策部署和积极倡导是分不开的。2015年，中国政府出台《中国制造2025》，提出实施制造强国战略，力争通过三个十年的努力，到新中国成立一百年时，把我国建设成为引领世界制造业发展的制造强国。从"制造大国"走向"制造强国"，离不开千千万万"匠心筑梦"的能工巧匠；从"数量取胜"转为"质量取胜"，呼唤精益求精的工匠精神。培养和弘扬工匠精神，逐渐成为制造业的共识。2015年"五一"开始，央视新闻频道重磅推出系列节目《大国工匠》，把镜头对准坚守在平凡岗位上的普通劳动者。这些劳动者传承、钻研技艺，追求、成就"中国制造"高端品质的故事，不仅生动地诠释了工匠精神的时代内涵，而且引发了无数观众对工匠精神的情感共鸣和价值认同。工匠精神真正在全社会广泛流行是在2016年。2016年《政府工作报告》提出："鼓励企业开展个性化定制、柔性化生产，培养精益求精的工匠精神，增品种、提品质、创品牌。"这是政府工作报告里首次提到工匠精神。同年年底的中央经济工作会议指出，着力振兴实体经济，要引导企业形成自己独有的比较优势，发扬工匠精神，加强品牌建设，培养更多"百年老店"，增强产品竞争力。将培养工匠精神上升为国家意志，使工匠精神获得了前所未有的关注。

值得注意的是，国家层面所倡导的工匠精神随着社会各界的积极响应和热烈讨论在内涵和意义上发生了显著的变化。从最初的用意看，工匠精神之所以出现在政府文件中，是因为当代中国制造业转型升级的需要。因此，制造企业及一线的生产员工首先成为培养工匠精神的主体。然而，人们之所以积极响应号召，并不是因为工匠精神为中国制造"铸魂"，也不是因为高品质国货数量的增加，而是像《咬文嚼字》杂志将工匠精神列入"2016年十大流行语"榜单所解释的那样：工匠精神，是指工匠对自己的产品精雕细琢的精神理念。其内涵就是精益求精，注重细节，严谨专注，精致专一，每个产品的每个环节、每道工序、每个细节都精打细磨、精益求精，专注、精确、极致，追求卓越。或许是作为一种对社会反响的回应，当工匠精神在

2017年《政府工作报告》中再一次出现时，它不仅是"打造更多享誉世界的'中国品牌'，推动中国经济发展进入质量时代"的精神支持，更是推进中国制造"品质革命"的动力，也是在2017年，党的十九大报告将劳模精神和工匠精神相提并论，强调用这两种精神营造劳动光荣的社会风尚和精益求精的敬业风气，进一步宣示了培养工匠精神对推进道德教育、构建社会主义核心价值观的意义。工匠精神之所以为人们所关注，是因为它不仅寄托着我们对产品品质的诉求，也承载着当下中国社会的一种精神追求；不仅关乎当下中国各行各业的期许，而且关系到"中国制造"的能力和形象。

因此，如果从推动经济发展的角度来认识工匠精神的时代价值，仅将其视为技术工人才应该具有的精神，认为其必要性只是因为它对提升中国制造及其产品质量来说是"有用"的，那么，这不仅是肤浅的理解，而且是一种背离工匠精神的功利化思维。实际上，工匠的内涵一直是随着时代的发展而变化的。《说文解字》记载："匠，木工也。""匠"最初仅指木工，后来泛指所有具有一技之长、从事器物制作的人，如铁匠、皮匠、石匠等。因而，《论语·子张》中有"百工居肆以成其事"的说法。如今，工匠不仅指传统意义上的手工艺人，也不仅指现代加工制造领域的技能人才、技术工人，而是指所有领域中兢兢业业、执着专注、把工作做到极致的人。从这个意义上说，工匠及其所从事的活动，并没有随着工业社会的发展而消失。在美国社会学家理查德·桑内特（Richard Sennett）在其著作《匠人》中指出："匠艺活动涵盖的范围可远远不仅是熟练的手工劳动；它对程序员、医生和艺术家来说同样适用；哪怕是抚养子女，只要你把它当作一门手艺来做，你在这方面的水平也会得到提高，当一个公民也是如此。在所有这些领域，匠艺活动关注的是客观的标准，是事物本身。"也就是说，当一个人把工作乃至工作之外的任何事情都"当作一门手艺"来做时，他就称得上是一位工匠。当然，人们不需要真的将这样的人都称为工匠，但可以说他们是拥有工匠精神的人。

一个人的精神追求或精神境界决定了他应该成为什么样的人，能够成为什么样的人。工匠精神是优秀手工艺人在工作态度、行为方式中形成并展现出来的一种实践精神。实践精神源于人们塑造自己、改变世界，使期望变成现实的活动。实践精神因其"精神"的本性而凝练，因其"实践"的功能而传递，从而使工匠精神不只是工匠的精神，也不只是怀旧情绪中的精神，而是一种属于这个时代并与我们每个人息息相关的道德期许。它能够指导和规范我们的行为，培养和健全我们的人格，是调节社会关系、发展个人品质、提高精神境界的动力。桑内特说："木匠、实验室技术人员和指挥家全都是匠人，因为他们努力把事情做好不是为了别的原因，就是想把事情做好而已。""努力把事情做好"不仅涉及专业知识和技术能力的问题，更涉及行为动机、价值取向、道德品质等方面的问题。因此，培养工匠精神，是立德树人的重要议题，更是社会道德发展的迫切需要。

二、工匠精神中的立德树人价值

社会道德随着时代的发展而发展。人们心目中的道德楷模，总是带有时代的鲜明印记。"国无德不兴，人无德不立"之所以成为这个时代的普遍共识，不仅因为它是一个相对普遍的历史规律，而且因为其中的"德"有着特定的指向，是与当代中国的社会主义现代化建设、中华民族伟大复兴紧密联系在一起的，具有鲜明的民族特征和时代特色。精益求精、坚持不懈地追求职业技能达到极致化的大国工匠，是我们身边的道德典范。例如，三十多年打磨零件百分之百合格的中国商飞上海飞机制造公司首席钳工胡双钱，只凭借手感就可以在深海中完成隧道零缝隙对接的港珠澳大桥钳工管延安等。当我们中的很多人不甘平凡、急功近利、过着一种"慢"不下来的庸碌生活时，故宫里的工匠们却面临着日复一日的文物修复工作。例如，温柔耐心、技艺高超，赋予钟表第二次生命的王津师傅，平心静气、一丝不苟，成为故宫古书画修复技艺第二代传承人的徐建华师傅。

当代中国，落实立德树人的根本任务是"培养德智体美劳全面发展的社会主义建设者和接班人"，做到"德育为先"需要加强顶层设计，推进系统规划。然而，就道德教育的实践层面而言，我们不仅要传承和发展道德，还要清醒地意识到道德发展的层次性和阶段性。道德教育是长期的、渐进的，不可能一蹴而就，道德教育的目标和内容，也不能一味地追求"高、大、全"，要切合实际、因地制宜，既要与个体的道德认知和发展水平相适应，也要与社会的道德标准和发展阶段相符合。在价值观念日益多样化的今天，培养工匠精神之所以被社会各界广泛讨论，不仅因为它是关乎立德树人的议题，而且因为它承载着立德树人的目标，切合这个时代个体的道德认知和社会道德的发展水平，具有强烈的现实针对性和广泛的价值认同性。工匠精神或许不是惊天动地、轰轰烈烈的雄心壮志，也不是舍生取义、无私奉献的道德境界，但一个具有工匠精神的人，即便算不上是"一个高尚的人"，却称得上是"一个纯粹的人、一个有道德的人、一个有益于人民的人"。

首先，工匠精神意味着以"努力把事情做好"安身立命，心无旁骛，追求极致。现代工业化大生产创造了前所未有的物质财富，却伴随着道德理想和精神价值的失落。工匠精神唤醒了我们的文化记忆，构成了一种引人入胜的人生哲学。正如德国著名哲学家马克斯·韦伯（Max Weber）告诫青年的那样："我们应当去做我们的工作，正确地对待无论是人性的还是职业方面的'当下要求'。"正确对待"当下要求"，即用精益求精的工匠精神做好当下的事情，不管是手工制造、养殖种植、家政服务，还是行医执教、经营管理、著书立说，都要做到凝神聚力，不求速成、不惧杂乱，内心笃定而精于细节。工匠精神是一种执着的价值取向和人生追求。

其次，工匠精神意味着以专业、敬业作为最基本的职业操守，恪尽职守、诚信无欺。以德为先，崇德修身，不仅是工匠精神的价值基础，也构成了其最基本的内涵要求。古代社会的一切手工技艺，都是口传心授的。体现着工匠们耐心专注、恪尽职守、持之以恒、诚实守信的道德品质。事实上，技艺的传授和提升、乃至整个行业的社会声誉，都离不开职业道德的规范和支撑。专业，才能算是敬业；敬业，才能做到专业。"百工以巧尽器械"，追求心灵手巧，注重专业技艺的提升，体现尽职尽责的敬业态度，这是传统手工艺人区别于其他职业群体的重要特点，也是他们应有的职业道德素养。在古希腊，柏拉图同样强调从事特定劳动的工匠应当具备相应的德行，"木匠做木匠的事，鞋匠做鞋匠的事，其他的人也都这样，各起各的天然作用，不起别种人的作用。"这样不仅使每种东西都生产得又好又多，而且体现了正义的原则。随着现代社会分工的发展和专业化程度的提高，我们更加需要专业、敬业的职业道德素养，专业、敬业，也更了体现为我们的内在道德需要。

再次，工匠精神意味着追求平凡中的不凡、奋斗中的幸福，不为低俗物欲所惑。无论是古代手工劳动，还是今天的加工制造，似乎都是简单机械、日复一日的体力劳动，在大多数人眼里是平淡甚至是平庸的。然而，在桑内特看来："技艺本身绝对不是一种和精神活动无关的机械性重复。"工匠精神的产生、传承以及发展，已经表明了技艺活动所蕴含的精神追求和精神价值。所谓"技可进乎道，艺可通乎神"，就是以精益求精、追求极致的技艺通达"道"的境界，实现人生意义的超越。一个优秀的工匠着眼于做好当下的事，但绝不把生活视作"眼前的苟且"，而是在努力把当下事情做好的过程中追寻"诗和远方"。日本"经营之神"稻盛和夫也认为，"对于优秀的工匠来说，只要专心磨炼技能，制造出赏心悦目的产品，他们就会感到有一种说不出的自豪和充实；因为他们认为劳动是既能磨炼技能，又能磨炼心志的修行，他们把劳动看作实现自我、完善人格的'精进'的道场。"他们甘于平凡、却造就不凡，是平凡但不平庸的奋斗者；他们以产品和服务来明确人生的价值和意义，使平常的劳动成为充满生命力、创造力和幸福感的活动。

最后，工匠精神意味着用技艺精湛、制作精良的产品展现人生价值，守正创新，勇于担当，做"一个有益于人民的人"。"人尽其才，物尽其用"，是自古以来优秀工匠的价值追求。《周礼·东官考工记第六·总序》将"百工之事"当作"圣人之作"来看待，"烁金以为刃，凝土以为器，作车以行陆，作舟行水，此皆圣人之所作也。"工匠崇尚心灵手巧，《荀子·荣辱》有云："以巧尽械器。"但不是为"巧"而"巧"，而是致用为本、利国利民的。据《韩非子·外储说左上》记载，墨子花费三年时间制作了一个木鸢。弟子赞叹其技艺巧妙，能让木鸢飞一天才落下来。墨子却说："不如为车輗（ní）者巧也。用咫尺之木，不费一朝之事，而引三十石之任，致远力多，久于岁数。今我为鸢，三年成，蜚一日而败。"有"大巧"的工匠，不仅像墨子一样认识到"巧为輗，拙为鸢"，以精湛的技艺制作高品质的产品，而且能够以传承技艺、守正创新作为自己的使命担当，在守正创新、追求卓越的过程中实现人生价值。但是，在现实社会中，工匠要生存下去，不能不追求自己的个人利益。但他们所追求的利益既包括"外在利益"，也包括"内在利益"。"外在利益"为人们获得时，"它们始终是某个个人的财产与所有物"（苏格兰哲学家阿拉斯代尔·麦金泰尔）。"内在利益"，就像一个人由于象棋下得好（就其自身而言表现优秀，并非一定要取胜）感受到快乐和成就那样，只能通过从事特定的实践活动来产生，因而是"内在于实践"、并且"有益于参与实践的整个共同体"的利益。

因此，真正具有工匠精神的人一定不是那种片面强调个人设计、不择手段追求一己私利的人。他们提供优质的产品和服务，传承技艺文化和道德精神，在追求把事情做好的过程中实现人生的自我价值和社会价值。

三、培养工匠精神与立德树人相融合

如果工匠精神确实蕴含着使我们每个人成为"一个纯粹的人，一个有道德的人，一个有益于人民的人"的目标和动力，那么，培养工匠精神，是一项远比打造大国工匠更为基础、更加迫切、更具深远意义的任务。倡导和践行工匠精神，使之内化于心、外化于行，这是时代的召唤，是我们每个人都应该置身其中的道德事业。党的十八大报告首次提出："把立德树人作为教育的根本任务。"党的十九大报告进一步强调，要全面贯彻党的教育方针，落实立德树人根本任务，发展素质教育，推进教育公平，培养德智体美劳全面发展的社会主义建设者和接班人。贯彻落实立德树人的根本任务，既要不忘"初心"，使教育回归道德本性，也要明确特定时代条件和特定社会发展阶段"立什么样的德""树什么样的人"的问题。从这个意义上说，时代以鲜明的现实性和强烈的感染力召唤工匠精神，既确证了贯彻落实立德树人根本任务的紧迫性和重要性，也回答了"立什么样的德""树什么样的人"的问题。因而，贯彻落实立德树人的根本任务，使工匠精神蕴含的美德追寻和人格修养融入立德树人的过程中，也就构成了培养工匠精神最根本的方法路径。

第一，培养工匠精神，要坚持"德育为先，育人为本"的价值理念。以立德树人为根本任务，是对教育本性的原则性规定，是"立德"和"树人"在教育活动中的地位以及二者关系的说明。贯彻落实立德树人的原则要求，就是要坚持"育人为本，德育为先"的教育理念，凸显德育在人的成长、成才、全面发展中的地位和价值。如果说教育的根本在于育人，那么，育人的根本则在于"立德"。正如我国教育家蔡元培所说："德育实为完全人格之本，若无德则虽体魄智力发达，适足助其为恶，无益也。"重视道德教育和道德实践，以道德目标激励和引领人的成长、成才，这是古今中外伟大教育家的教导，也是工匠精神传承、发展的要义。"做人德为重、做事德为先"，无论是古代的手工艺人，还是今天各行各业的优秀工匠，不仅要练就好手艺，掌握好技术，而且要具备特定的道德观念、道德情感和道德品质。因而，工匠精神的回归，也就是立德树人教育理念的回归，是"国无德不兴，人无德不立"成为一种普遍共识的现实表现和特殊反馈。日本"秋山木工"家具厂的创办人秋山利辉因用自己独创的"八年育人制度"培养出许多一流匠人而举世闻名。在他看来，"有一流的心性，必有一流的技术"，一流的匠人不仅"会做事"，而且是"拥有一流人品、'会好好做事'的匠人"。因而，一流的匠人，不仅要掌握技术，更要提升心性，替他人着想，关心他人，拥有一颗感恩的心。从教育入手，以德为先，注重培养心性，不求速成，在专业技能方面用功，不仅是工匠精神得以产生的价值基础，也是新时代培养工匠精神首先要坚持的原则和方法。

第二，培养工匠精神，要使其贯穿国民教育体系。培养工匠精神，教育是基础。这里说的教育不只是职业教育，而是一切以立德树人为根本任务的国民教育，是包括不同层次、不同形态和不同类型的教育。一段时间以来，人们倾向将工匠精神局限在加工制造领域，把培养工匠精神纳入职业教育的范畴。在寻求中国产品和服务实现质量提升的语境下，这样的看法有其合理性、针对性和可操作性。然而，正如前文所指出的那样，工匠精神不只是一种职业素养，更是一种道德要求。培养工匠精神，不只是为了成才，更是为了成人；不只是为就业做准备工作，更是为了身心的润泽和人生境界的提升。我们之所以如此热切地谈论工匠精神，不只是因为我们期盼中国企业精益求精、精工制造，提供更多高品质、个性化的产品和服务，更是因为我们想要提升整个社会的道德水平；我们之所以提倡工匠精神，不仅是因为我们需要更多具有工匠精神的技术专家和职业工人，更是因为我们不希望置身于一个物质第一、金钱至上、追求速成的社会。弘扬和培养工匠精神，不只是企事业单位和学校该做的事，更是一项应当贯穿国民教育体系的任务。德国存在主义哲学家卡尔·西奥多·雅斯贝尔斯（Karl Theodor Jaspers）认为："教育的过程首先是一个精神成长的过程，然后才成为科学获知的一部分"，"创建学校的目的，是将历史上人类的精神内涵转化为当下生气勃勃的精神，并通过这一精神引导所有学生掌握知识和技术"。工匠精神是人类共同的精神财富，也是中华民族优秀文化的重要内容，更是学校教育予以文化发展的"精神内涵"。然而，由于我们的学校教育热衷于追求数量指标和规模效应，重形式轻内容，重分数轻育人，导致"差不多先生"流行，使学生从小就丧失了专注事情本身的自然本性，而且也破坏了引导学生"努力把事情做好"的教育环境。因此，不单要使工匠精神成为道德教育的目标，并且要使其体现在教育的过程中，表现在教师的行为举止上，这不仅是贯彻落实教育根本任务的内在要求，而且是培养工匠精神的根本路径。

第三，培养工匠精神，要突出劳动实践的育人作用。"知而不行"，只讲不做的人不是工匠，也不会有工匠精神。工匠精神源自手工劳动，并在各种形态的劳动活动中发扬光大。如果一个人信奉"万般皆下品，唯有读书高"的观点，竭尽全力走"学而优则仕"的道路，或者在一举成名、一夜暴富的引诱下想方设法地逃离平凡的劳动，那么，他是不可能和工匠精神产生联系的。桑内特在《匠人》中所揭示的西方文明中根深蒂固的缺陷，即"无法将双手和大脑联系起来，无法承认和鼓励人们内心有从事匠艺活动的欲望"，在我国传统文化和教育观念中同样存在。当下的中国社会，"劳心者治人"与"劳力者治于人"的观念仍然广泛存在，普通教育也由于缺失工艺课程和工具运用课程而在落实立德树人的根本任务方面大打折扣。因此，培养工匠精神，要增强劳动意识，加强劳动教育。一方面，要在全社会，尤其是各级、各类学校中重塑劳动光荣的理念，纠正轻视劳动特别是轻视普通劳动者的不良风气，营造热爱劳动的氛围。要在学生中弘扬工匠精神，引导学生崇尚劳动、尊重劳动，懂得劳动最光荣、劳动最崇高、劳动最伟大、劳动最美丽的道理，才能促使学生辛勤劳动、诚实劳动、创造性劳动。为此，应当发挥思想政治教育的主渠道作用，把那些以平凡人生演绎工匠精神的劳动者请到学校来，让他们把那些精益求精的劳动过程和成就人生价值的劳动产品展示到课堂上；另一方面，要鼓励学生从小参与各种各样的劳动实践，并且为他们提供"努力把事情做好"的课程和机会。我国著名思想家、教育家陶行知先生竭力倡导"教学做合一"，强调"做"是"学"的中心，而真正的"做"则是"在劳力上劳心"，进而通达真理。鼓励学生从小事做起，学会劳动，专注、耐心地把事情做好。

这是一个呼唤工匠精神的时代，也是一个为美好生活而奋斗的时代。《荀子·修身》有云："道虽迩，不行不至；事虽小，不为不成。"培养工匠精神，并将其作为一项立德树人的事业，也是使受教育者焕发主体意识和主动精神的有效途径，"择一事，终一生"，在持之以恒地"努力把事情做好"的奋斗过程中进行自我教育，提升自我修养。工匠精神的培养，将使青年一代在平凡劳动中彰显卓越，创造属于自己和这个时代的美好生活。

第五节　我国工匠精神的现状

工匠精神是匠人们在生产劳动时，表现出来的吃苦耐劳、专注敬业、精益求精、敢于创新、不断挑战、追求极致的职业精神，是中华民族宝贵的精神财富。本节基于我国工匠精神的现状，从历史变迁、传统观念、现实环境、个体差异等方面分析了我国现代工匠精神缺失的原因，并提出从学校教育、职教革新、企业重视、政府引导、社会弘扬等多渠道促进工匠精神的回归。

一、我国工匠精神的历史和现状

中国的工匠有着悠久、辉煌的历史，让"中国制造"世界闻名。"匠人"是我国古代劳动人民智慧的象征，这些智慧凝结成我们绵延百代的工匠精神，正是这种工匠精神的存在，让我们国家在过去几千年的农耕时代可以雄踞世界。我国古代工匠精神的代表人物数不胜数，比如，发明各种土木建筑工具、农耕工具的鲁班，发明印刷术的毕升，发明造纸术的蔡伦和桥梁专家李春等，每个人都值得我们学习。

但是，在现代社会的各行各业中，工匠精神的缺乏成为一种普遍现象，主要表现为：做事内驱力不够，缺乏主动性，工作上得过且过；缺乏不断超越、探索创新的精神，缺乏敬业精神；缺乏崇尚荣誉，追求卓越的愿景，过于看重物质；做事功利心强，缺乏把简单的事情做到极致的耐心；缺少吃苦耐劳的精神，缺乏责任感，工作中偷奸耍滑、拈轻怕重。

十九大之后，工匠精神成为各行业、企业、学校乃至个人的流行词。科技的发展，产业的变革，尤其是作为国民经济主体的制造业的转型升级，综合国力的提升，国家的安全，都在呼唤着工匠精神的回归。

二、当今社会缺乏工匠精神的原因

我们现在总会看到许多国人漂洋过海，远赴重洋去日本抢购马桶盖、电饭煲，去欧洲抢购名牌包，去韩国买化妆品。有很多网友指责他们崇洋媚外，但是，探究这种现象形成的原因，我们并不应该指责消费者，而是应该反思我们自己。正如格力电器的董事长董明珠所说，在经济领域，没有国界，谁的产品好，谁就会被消费者青睐。中国生产电饭煲有四五十年的历史，为什么就生产不出世界上最好的电饭煲？这反映出一个现在普遍存在的问题，企业缺乏优秀的工匠，生产不出优质的产品。优秀工匠的缺乏与企业长期缺乏精益求精、不断创新、追求极致的工匠精神的联系。

（一）从历史视角审视

1．社会发展视角：古今生产力和生产关系的变化

我国古代之所以能够产生众多的能工巧匠，与当时的社会形态、经济形态息息相关。在古代，手工业有固定的生产模式，产品的产量是非常有限的，

虽然普通百姓的收入水平较低，但却有非常固定的高消费人群，如显贵富商等人，他们需要各类高品质的手工艺品。如《红楼梦》中王熙凤做一件衣服的钱，可以让刘姥姥一家度过饥荒之年。因此，有固定的人来消费高品质的手工艺品，工匠们的劳动就能够获得丰厚的回报，工匠们自然愿意花时间和精力去精雕细琢、不断创新、追求极致。同时，就会有更多的人愿意拜师学艺，进入各个手工行业，促使我国传统的"学徒制"代代相传，使精湛的技艺得以延续，工匠精神得以传承。

新中国成立后，为了解决社会物资极度匮乏、国民经济收入低、人民普遍缺吃少穿等问题，我国开始实行计划经济。改革开放之后的一段时间内，我国经济水平仍然相对较低，日常生活用品供应不足，所以人们对低价、优质产品的需求非常旺盛，而高端、昂贵的产品，大多数人是买不起的。在这样的社会背景下，生产更注重效率，而非质量。因此，几乎很少有年轻人愿意花几年的时间去拜师学艺，传统的"学徒制"无法得到更好的传承，导致工匠精神难以延续。

2. 教育观念视角：教育忽视了对工匠精神的培养

我国的教育观念自古就强调"学而优则仕""劳心者治人，劳力者治于人"。现代的家长也一样，都希望自己的孩子可以考上大学，而不是读职业技术学校；都希望孩子毕业后可以坐办公室工作，而不是到车间当工人。我们国家的教育强调培养德智体美劳全面发展的社会主义建设者和接班人。而现实中，"劳"不管在学校还是在家里，在儿童身上均鲜有体现。家长很少让孩子去感受"劳动之美"，孩子很少能体会到劳动带来的乐趣和成就感。"学而优则仕"的传统观念影响着一代又一代人，使工匠精神失去了生长的土壤，工匠的坚守缺乏精神的支撑。

（二）从现实角度分析

1．劳动付出与劳动报酬失调

马斯洛的需求层次理论将人类的需求像阶梯一样从低到高分成了五个层次，分别是生理需求，安全需求，社交需求，尊重需求和自我实现需求。所以，当一个人选择从事一个职业，他首先考虑的是这份工作能不能给他足够的劳动报酬，能不能满足基本的生活需要。如果一个行业产生不了足够的利润，是很难留下人才的。

2．机器取代手工，企业重设备和技术，轻技能

改革开放以来，我国制造业快速发展。但在很长一段时间里，我国工厂、企业主要是靠产品的低廉价格实现盈利，工厂最需要的是大量的廉价劳动力，而不是高级技术工人。重效率、拼速度的生产方式忽略了工匠精神的重要性。

3．企业制度设计与工匠精神培养存在矛盾

每个企业都有自己的一套制度来激励员工更好地工作，如晋升机制、奖励机制、用人机制、薪酬制度等。其中也存在一些公司制度不合理的情况，如果员工的升职加薪以及得到重用，并不取决于他技术水平的高低，这是不利于工匠精神的产生和发展的。如果工匠精神缺乏"工匠制度"的保障，个人的自我提升和技术的钻研就会呈现对立状态。

4．人们渴望得到技能提升，但客观条件难以满足

很多人都有想精通一门技能的强烈愿望，想不断地提升自己的技能。如何提升技能，是我们面临的主要问题，受经济实力、岗位性质、资源不足等原因的限制。

5．人们对工匠精神的认知存在一定偏差

虽然全社会都在号召工匠精神，但是有些人对工匠精神的认知是比较狭隘的，认为只有手工制造者或者专门从事技术的人，才应该具备工匠精神，其他岗位不需要。

三、如何培养我们的工匠精神

近几年，我国经济发展迅速，国民收入不断提高，人民整体生活水平得到了非常大的改善。十九大报告明确指出，新时代我国社会的主要矛盾已经转化为人民日益增长的美好生活需要和不平衡不充分的发展之间的矛盾。人们对高质量产品的强烈需求，为工匠精神的发展提供了社会基础。

工匠精神包含了中国人的许多优秀品质，如吃苦耐劳、专注敬业、精益求精、勇于创新、敢于挑战以及追求极致等，这些都值得我们学习。要让"中国制造"成为高品质的代名词，培育出更多中国本土的世界品牌，我们需要培养更多高素质、高水平的优秀劳动者，可以从以下四个方面来为培养劳动者的工匠精神做出努力：

（一）发挥学校教育的引领作用，健全人才的培养机制

1．发挥学校教育作用，将"职业规划"课程贯穿学校教育的始终

在现代的教育体制下培养工匠精神，必须要充分发挥学校教育的作用。在学校教育过程中，循序渐进、潜移默化地去培养学生树立正确的劳动观，自由平等的职业观、多元化的择业观和价值观，让学生充分认识各类职业，将工匠精神的内涵用具体的表现形式展示给学生，让学生真正内化这种精

神，由此达到培养和传承工匠精神的目的。据统计，我国的大学生毕业后，只有少部分人从事了与本专业相关的工作，其他大部分都从事了其他的工作，这样的结果与学生在选择专业之初，没有充分了解本专业及其对口的职业有一定关系，既占用了教育资源，又没有让学生选到自己喜欢的专业，就更谈不上培养工匠精神了。

基于上述情况，我们应该进行"职业规划"教育，并将其贯穿整个教育体系。我国现在的教育体系中，学校和家长更重视"学业规划"，而忽略了"职业规划"。应将"学业规划"和"职业规划"结合起来，在初等教育阶段，学校应进行职业的初步介绍，让学生了解各行各业的特点，去体验各类职业。随着年龄的增长，培养学生树立正确的职业观，帮助学生用不同的视角去看待不同的职业，从全球视角、国家视角以及产业视角等去了解社会的运转模式，了解不同职业的人在其中扮演的不同角色。学校应该为学生搭建一个正确认识不同职业的通道，不仅要传授知识，而且要培养学生快速适应职业的能力，其中，工匠精神的培养是必不可少的，要让学生了解真实的工作方式、工作态度、工作环境和工作氛围等。

2. 职业技术类学校要不断地改革人才的培养方式

（1）发挥现代"学徒制"的优势，传承工匠精神

传统的"学徒制"，是一种以师傅言传身教为主要形式的教育方式，徒弟在师傅的指导和影响下习得知识和技能。在传承传统技艺的过程中，师傅将职业精神传承给徒弟，因此，师傅既是教育者，又是传统技能的传承人。工匠精神便是依靠这样的方式代代相传的。迄今为止，传统的"学徒制"，在很多领域顶尖人才的培养上都发挥了巨大的作用。

现代"学徒制"不仅要让学生学习实践技能，而且要学习专业的理论知

识和通识知识，使其对技术、技能的认知更加全面。在现代"学徒制"模式的指导下，学校的人才培养变得更加专业化、系统化。工匠精神也能通过这种学习方式传递给更多的学生，产生更加广泛的影响。

（2）深化校企合作，充分发挥企业的作用

学校强调的是理论和实践相结合，主张充分发挥企业的作用，将工匠精神充分融入职业教育及职业规划的课程体系中。在现代"学徒制"模式的指导下，企业方的实践导师对行业有更深的认识，对每个岗位应该怎么坚守工匠精神有更深的体会，能以更直观的、微观的方式将工匠精神传达给学生。

（3）积极加强学生的思想教育

学校可以通过每周、每月的固定晨会、周会、班会等活动来进行工匠精神教育，培养学生对职业的热爱，对劳动的尊重，对社会的责任，对自己的认可。

老师可以在讲授知识的同时潜移默化地给学生灌输工匠精神，让学生更好地知道该怎么做。

学校可以积极地组织、开展各类活动，如开展专题讲座等。学校可以聘请行业内的工匠大师，也可以聘请平凡岗位上将普通工作做到完美和极致的人，用面对面的方式向学生们传达他们对工匠精神的理解。既要让学生的心灵得到滋养，又要让学生在实际的行动中去体验工匠精神。

（二）企业带头，建立良好的工匠制度，不断提升员工的 职业素质

企业要不断调整，建立一套有利于激发员工工匠精神的制度。但是，我们应该分两层来认识工匠精神：一是精神，二是能力。二者密不可分，具备

工匠精神的人，既具有这样的精神，又具有这样的能力，二者互为因果，相互促进，并且形成良性循环。我们应该知道，敬业、坚韧、专注、精益等精神，是无法通过语言的传达来获得的，而是需要在实际动手操作的过程中，通过切身体会来感知。只看到一个成品摆在我们面前和我们亲身经历该产品产生的每个过程，对这个产品的感受和理解是完全不一样的。

所以，在企业中培养人才时，应该更加注重能力的培养，而不是口号的宣传。企业应该建立好"工匠制度"，用"工匠制度"督促工人养成工匠习惯。

在具体操作上，企业应该带好头，不仅要做到高标准，还要做到细标准、严标准，让员工的每个步骤都有标准可循。企业还要鼓励员工不断地"跟自己过不去"，不仅要争做行业标准的践行者，还要争做行业标准的刷新者，把工匠精神细化到工作的每个步骤中。

（三）优化制度，营造良好的社会氛围

通过国家政策的扶持和法律法规的保障，让具有工匠精神的高级技术人才有合适的环境成长。企业应提高他们的薪酬待遇，给予他们更多的福利保障，在住房、医疗、教育、养老等方面给予他们更多的照顾，让他们的工作更加稳定、更有保障，在社会和企业里给予他们更多的话语权等。对于技术工人们在岗位上的新创造或新想法等，可以通过立法更好地保护他们的专利权和发明权。

（四）社会应该大力弘扬工匠精神

培育人才，传承精神并非只是学校的责任，更是全社会的责任。

（1）社会各类媒体平台通过文化传播，不断地弘扬工匠精神。

系统地宣传各行各业工匠模范的事迹，大力倡导劳动最光荣的理念，在各种影视作品、综艺节目、文化宣传片中歌颂工匠精神，激发各类劳动者主动培养工匠精神，营造浓厚而持久的学习氛围。

（2）在实际的工作和生活中，注重企业文化、家庭教育等对工匠精神的传播作用。

在孩子的教育和择业方面，有意识地引导孩子形成正确的价值观。在全社会倡导"三百六十行，行行出状元""劳动光荣，人人平等"以及"工作只有社会分工不同，没有高低贵贱之分"等择业理念。

（3）各行业协会和组织面向全社会举办专业技能比赛，诠释工匠精神，奖励优秀工匠。

一方面，可以聘请业内的专业技能大师做示范、指导和点评，让参与者和观看者都能有高质量的学习；另一方面，也可以促进行业内部技术的切磋和交流，在增进技艺的同时，用更细节化、具体化的方式向社会展示不同岗位的工匠精神。

第二章 工匠精神的价值

第一节 中国当代工匠精神的解构

当代工匠精神要想在中国全面实施，需要被重新解构。笔者查阅了大量文献资料，经过广泛的调查与访谈，对当代中国制造业转型背景下的工匠精神内涵进行了梳理，尝试建立一个更全面的工匠精神结构体系。

一、宣传工匠精神的原因

工匠精神在 2015 年以后开始被国人推崇，有其特定的背景与逻辑。

（一）新一轮的技术革命使我国制造业陷入人才匮乏的境地

一方面，机器人、智能制造正在大范围覆盖制造业，导致普通工人的大面积失业；另一方面，以农村剩余劳动力和新生代农民工（多为初高中毕业）为主要力量的产业工人队伍，无法适应智能化、信息化的新环境，高素质、高技能人才远远不能满足企业的需求。制造业的技工人才供给结构明显失衡，以工匠精神为动力提升产业工人队伍的整体水平是当务之急。

（二）消费升级倒逼制造业提质、升级

我国人民整体生活水平提高，人们对品质化、个性化的产品和服务的需求越来越高。当国内供给不足时，大量的海外商品汹涌而至，国际竞争激烈，制造业自身的转型升级迫在眉睫。"提质转型"需要的不仅是技术创新，更需要一线人员、企业管理者及决策者都用精益求精、专注专业、诚实信用的工匠精神来打造自身，从而提高企业的供给能力，这正是供给侧结构性改革的动力所在。

（三）工匠精神将为中国经济与社会发展奠定基础

发展的关键在创新，创新的关键在人才。好的创新成果不能被束之高阁，从实验室产品到生产线产品的转化过程中，大批的劳动者需要改变观念和习惯，工匠精神是最好的助推器。

追求品质完美，坚守职业准则，诚挚地服务客户，专业、专注，持续精进，这是工匠精神的所在。如果所有的劳动者都能以此为准则，便能加快落实工匠精神的传承，为中国经济与社会发展奠定基础。

二、当代工匠精神的要素构成

工匠精神是工匠行为、思想的体现。时代赋予工匠们不同的责任，也产生了这个时代特有的工匠精神。山东社会科学院哲学研究所的张培培认为工匠精神的主要内容是对工作的热爱、专注和精益求精。中国人民大学的肖群忠等人认为，工匠精神就是在工作中追求精益求精的精神理念。复旦大学苏勇等人认为，工匠精神是凝结在工匠身上的对工作精益求精的态度和忘我投入的境界，是蕴含在工匠身上艰苦奋斗、坚忍不拔、追求卓越的高尚品

质。中国工业和信息化部的苗圩提出，工匠精神是"精于工、匠于心、品于行"，精益求精、不懈创新、笃实专注是当代中国工匠精神的核心。工匠精神由以下五个基本要素组成：

（一）匠心

"独具匠心"指人心思巧妙、设计独特。匠心即"巧妙的心思"。匠心一直与"技"和"巧"相关。这里的匠心则重点指向与个人心性、素养有关的工匠精神。匠人内在的谨慎、细致、求真、求精、尚美、善思、朴实、自尊、自强等个性特征是其成就精致作品的根基。内心没有对完美、卓越的追求，也难有杰出的技艺和作品。

匠心强调追逐完美、卓越，要耐住寂寞、守住本心，意志坚定地朝着目标前进。匠心强调专注、执着，要平心静气、心无旁骛地工作，悟出规律、找出办法。"深海钳工"第一人管延安追求卓越，精益求精，拧紧了一颗又一颗小小的螺丝钉。心灵手巧、善于思考的秉性，不轻易放弃的决心，求真求美的匠心，是工匠精神的基础，是匠人行动的动力。

（二）匠艺

工匠拥有高超的技艺、精湛的技术，精益求精，严谨，一丝不苟，耐心，专注，坚持，专业，敬业，淡泊名利，这是工匠精神的核心内涵。有从业者技术技能水平的提高，才会有产品和服务质量的提升，才能有品质和品位的保证。因此，工匠精神还要探析高超技艺的获取模式和路径。

工匠们精湛的技艺一部分是靠天赋，但更多的是靠后天的学习，或从小耳濡目染，或工作后才开始用心研磨，是勤学苦练、日积月累而成的，是下了功夫而得的。从未停止的学习和训练、密密麻麻的记录、下班后的思考，工匠们的劳动能力，不仅凝聚着个人的经验、感悟、探索和创造，也凝聚着前辈和所属部门的帮助。

行业不同，技术水平的评定指标也不同，但高超的技术都是对作品精细度、准确度以及所节约的成本和从业者对特殊问题处理能力等方面的综合衡量。技术水平一般通过社会技术等级来区别，分为初级、中级、高级、技师、高级技师等级别，通过理论知识考试和技术操作测试综合得出评价。技术的社会评价等级有顶级，但工匠们的技艺却没有极限。给火箭焊"心脏"的高凤林是我国发动机焊接的第一人，0.16毫米是焊点的宽度，0.1秒是完成焊接允许的时间误差，他35年给130多枚火箭发动机焊接关键点没有丝毫偏差。

与时俱进是工匠精神的另外一层内涵。当今，一些高危险、重复性强的工序和作业逐渐开始被机器替代，传统劳动岗位将面临全面来袭的自动化、信息化、智能化，对新材料、新工具、新标准、新工艺进行学习和调整也是大势所趋，拥有能解决特殊问题能力的人才是国家的栋梁，是智能机器难以替代的。技术工人的施展空间主要集中在机器无法替代的领域，以大国工匠为代表的高技能人才正是这个时代所需要的人才。

（三）匠品

匠品，是受价值观左右的品德、品行、品质，即以怎样的"态度"来对待工作。态度影响行为，吊儿郎当的做事态度很难呈现出精品；只占便宜不吃亏的人也很难有利于道德建设。人与人之间的智力差距微乎其微，而认真投入、坚持正确方向等非智力因素对成功起着更加关键的作用。好的匠品至少包括以下四个要素：

1．责任意识

负责的态度是一切良好行为的根基。不仅要对岗位和组织负责，而且要对客户和关系人负责，主动承担一定的社会责任。

对组织负责就要热爱组织，极力维护组织的利益。现代工匠大多数都处于组织中，依托组织进行劳动获取生活资料，依靠组织获得职业的成长与发展。因此，他们大多都心怀感恩，有着强烈的归属感和使命感，对自己的所在岗位和单位格外关注和维护，将个人行为与组织行为主动融为一体，尽己所能，为组织的发展出力。

对社会负责就是要走出小我，让技能服务更多人，毫无保留地传承技艺。现代工匠没有以往"教会徒弟，饿死师傅"的陈旧观念，他们无私地将自己的技艺传承下去，将宝贵的经验分享出去，为培养高技能人才助力。沪东中华造船厂的工匠张翼飞就先后带出过 7 个全国技术能手、6 个省部级劳模、18 个高级技师。这既是一种胸怀，一种境界，也是一种社会主义劳动者的担当。

对客户负责就要有强烈的质量意识。匠人们杜绝粗制滥造、偷工减料，宁肯降低效率也要保证品质，以制作高质量的产品为准则，其实也是对自己负责的表现。只有对他人负责、对社会负责，才能树立自己的品牌。中国石油渤海装备中成机械公司的工匠黄玉梅工作 20 多年来，秉承"用人品创造产品打造精品"的理念，坚持"多一遍"原则，认真负责，带领全组实现电机产品一次交检合格率始终为 100%，保持了人为质量事故为"零"、安全事故为"零"的纪录，她所在的"黄玉梅班"被评为"全国质量信得过"班组，站上了国家质量管理的最高领奖台。

2．定位准确

优秀的工匠们永远在行进的路上，他们对自己的人生目标和职业定位清晰而准确，不好高骛远，也不妄自菲薄。坚守职业操守，在适合自己的岗位上勤奋耕耘。他们对自己有着高标准、严要求，勇于突破过去的自己，努力超越组织的绩效标准，精益求精，不断追求卓越。大飞机的零件加工精度要求达到十分之一毫米级，相当于人头发丝的三分之一，这种精确程度令人感叹。只有不断地挑战自我、追求新高度的人，才能逐渐达到更高的目标，充分释放自己的能量。

3．个性品质

坚持不懈、勤奋务实、勇于挑战、不怕困难、积极上进是工匠精神的重要特质。工匠们虽然性格不同，但在工作中都一丝不苟、专心专注；他们进入工作岗位的原因不同，但都充满工作热情，做到"干一行，爱一行，专一行，精一行"。

4．价值观

在优秀工匠们的价值观体系中，做一个对家庭、组织、社会、国家有用的人，是优秀工匠们的理念；务实、踏实、诚实是他们的行为准则。他们深知成功的路上没有捷径，只能一遍遍地尝试和努力，即使疲惫不堪，也要坚持到底。他们真诚守信，不敷衍应付，不弄虚作假，做事守规矩、有原则，不随波逐流，踏实工作，努力达成组织的要求。三峡电厂检修队伍中的"定海神针"凌伟华十分喜欢自己的工作，对三峡电站的水电站了如指掌，通过对机组"望、闻、问、切"就能准确判断出故障的原因并迅速开出"药方"。工匠们正视个人与集体的关系，为了集体利益，他们可以舍弃个人诉求，连续作业、反复试验，直到完成任务。他们没有把宏图大志挂在嘴边，只凭借自己的技术和劳动，用工匠的本心一丝不苟地书写人生。

匠品是脚踏实地的坚守，去除浮躁；匠品是追逐真实的境界，没有幻想与浮夸；匠品是兢兢业业做事，是本真与诚信，是不为名利所掣肘；匠品是勤勤恳恳做人，是责任与担当，是不因金钱而迷失。这些既是中国当代杰出工匠集体显现的特质，也是新时代中国工匠精神的重要内涵。在各地工匠的评选过程中，品行、贡献与技艺被同时列为基本的入选条件，那些品行端正、为社会做出贡献、有传承精神的人，才是技术工人队伍中值得称道的工匠。

（四）匠行

"千里之行，始于足下。"工匠都是在一线干出来的高手，都是在行动中成长起来的能人。强大的行动力是工匠精神的重要组成部分，工匠精神贵在行动。

1．巧行

匠人的行动包含学、识、习。"人非生而知之者"，知识和技能都是"学而时习之"得来的。其中，"学"为基础先行，学知识技巧和为人处事，匠人们的成长离不开虚心好学、勤勉认学、善思巧学。"识"为学的结果，识得规律和技巧，才能顺势而为。"习"是将理论转化为实践，反复操练，并将其变成现实的生产力。而学、识、习都要伴随"思"，否则会"惘"，"知其然而不知其所以然"，造成"东施效颦"，只会制作出没有灵魂的赝品。河北太行机械工业有限公司数控车工高级技师靳小海就是在不断自学解决技术难题的过程中获得成长的，对此他直言不讳："只要肯学、肯干，任何困难都不会成为绊脚石。"在古代，工匠精神的行动，强调一个"巧"字，巧工、巧法、巧思，才有精品诞生。在当今时代，面对挑剔的客户，"巧"

行更是关键。"巧"是认真思考、不断创新的过程，即便是最简单的作业程序，也会提高工作效率。一线技术工人的巧思妙行，会给企业带来意想不到的收获。

现代工匠精神要继承传统，更要善于创新，找到最好的方式，创造出最完美的产品。河北长安国家级技师，焊装车间机电维修高级技师顾帅圻负责整个车间的制造设备维修工作。他凭借 30 多年的工作经验，总结出了一套"望、闻、问、听"的工作理论，仔细观察每一条生产线，寻找每一台设备的缺陷，发现问题，精心改进，自创立"顾帅圻汽车制造创新工作室"以来，成绩斐然，多次获奖。

2．持久行动

正所谓"熟能生巧"，坚持和专注本岗位、本行业，才有可能使技术纯熟，熟练后才能悟出门道。匠人们成功的经验源自多年的积累，他们心无旁骛地从事一件工作，并将其做熟、做深、做巧，娴熟地掌控岗位技能，在无数遍的重复中找到问题的关键。如中国首钢集团技术研究所焊接工艺实验室首席技能操作专家，首钢唯一的女高级技师刘宏，她与 5 名博士、10 名硕士一起从事新钢种的可焊性试验和新焊材的开发工作，每日的工作就是攻克各种新项目、解决各种新材料的焊接工艺问题，这使他们成为单位攻坚克难过程中不可缺少的力量。这种能力得益于刘宏多年的实战经验、丰富的专业知识，以及她超强的学习能力和应变能力。

3．干好能干的和该干的

每个人的能力都是不同的，不可能样样精通；每个人的精力都是有限的，如果"四面出击""这山望着那山高"，可能会一无所获。山东聊城中通客车公司钳工技师工作站的"金蓝领"张则强认为"匠行"就是"干好该干的工作"。干"该干的"，目标明确，不相干的不想也不做，不去浪费时间；干"能干的"，不用去羡慕别人的岗位和薪酬，在自己的能力范围内做事，才能成为踏实可靠的人。干就要干好，不应付，尽己所能做到最好。好没有上限，只有更好，干好的方法则需要我们揣摩、尝试和坚持。"术业有专攻"，做好自己能干和该干的事，已实属不易，不需要去想不相干的事。

（五）匠值

用自己的技艺创造出更高的价值，这是工匠精神的价值所在。匠人的产品（作品或手艺）被社会认可、喜爱，是匠人的追求。匠值不限于经济价值，也可以是艺术价值、使用价值或效率价值等，总之，是一份社会贡献。当前，匠值的意义被很多专家认可，并在各地工匠评选的过程中被特别关注。

三、要素关系

匠心、匠艺、匠品、匠行及匠值有着内在的逻辑关系，其中匠心是工匠成长的根基，如果没有向往，就没有工匠精神。匠心决定匠品，匠品也反作用于匠心，内在天性与外部约束以及个人品性之间互相影响，共同发力，直接通过匠行显现出来。工匠精神体现在行动中，从获得高技能到产生高绩效，都是在以匠心、匠品为支撑的实践行动中获得的。精湛的技艺是工匠精神的核心要素，这是使其区别于其他精神的标签，也是能带来价值的保证。工匠们勤奋工作的终极目标是创造价值，匠值是社会评价，肯定的评价会促使匠艺得到提升。这就要弘扬工匠精神的现实意义，使其更优地创造出社会需要的多种价值。

工匠精神是一系列精神的集合，虽然在不同的工匠身上显现的侧重点不同，但基础要素是一致的，是各层级工匠群体显现的共同点和基本特征。外延要素是工匠精神的重要组成部分，它会因个体差异和层级的不同而不同，是杰出工匠才具有的工匠精神。

第二节　工匠精神的当代价值

工匠精神是工匠们在改造客观的劳动对象时，在对自己严格甚至是苛刻的条件下形成的精神。当前提倡"培养精益求精的工匠精神"，倡导"劳动光荣、技能宝贵、创造伟大"的价值观，是解决我国企业转型升级、技术创新、产品创优等实际问题的精神需要，是我国由制造业大国向制造业强国奋进的价值引领，更是培育更多、更好的建设中国特色社会主义现代化强国的高素质劳动者和人才的内在需求。

一、工匠精神当代价值的研究意义

工匠们身上的显著特质，即精益求精的工匠精神，得到了世人的一致赞誉。工匠精神不但是人类手工业发展的精神遗产，而且是现代工业化、信息化、智能化等高速发展的精神支柱，因为它本身具有重要的当代价值，而这种价值又不断地激发着人们的工作热情，使其成为一种内源性动力。在工匠精神的引导下，人们能够做到精益求精、攻坚克难，尤其对年轻人，能够起到激励作用。当前，在倡导"劳动光荣、技能宝贵、创造伟大"和提倡"培养精益求精的工匠精神"的重要思想的指导下，深入探索和研究工匠精神的当代价值，对弘扬和培养精益求精的工匠精神具有重大的理论意义和深远的现实价值。

二、工匠精神当代价值的具体体现

工匠精神在当代具有显著的特质和价值，即精神价值、人本价值、创新价值和自我实现价值。

（一）精神价值

工匠精神的精神价值，不仅在于它具有给人启示的作用，还在于它具有能动的反作用和精神力量。当工匠们在制作物件或作品时，除了需要付出体力以外，还要付出专注力，二者缺一不可。用这种方式做出的物件或作品，会得到同行的认可和消费者的称赞。这种成功会给工匠们的身心带来愉悦，从而使他们在做下一件物件或作品时，精神更加饱满，有信心将下一个物件或作品做得更好。如果工匠们制作出来的下一个物件或作品不如意，这种精神力量也会帮助他们吸取教训，避免类似事情的再次发生。除此之外，工匠们的精神力量也起到一定的作用，这种精神力量会促使工匠们主动地将消极因素转变为积极因素。"失败是成功之母"，如果将"成功"看作直接动力，那么，就可以将"失败"看作间接动力。总之，无论是工匠本身表现出来的直接动力，还是变消极为积极的间接动力，都属于工匠精神的精神价值，都远远超越了工匠精神的本意。除此之外，它还包含伦理道德和价值观层面的价值，这些也属于工匠精神的精神价值。随着人类社会的进步和发展，当代工匠精神中的精神价值会表现得越来越明显和充分。

（二）人本价值

带有"以人为本"思想的人文理念或人本思想的产品永远有人欣赏，因为它对人有意义、有价值。在"人无我有，人有我优"思想的指导下，为工匠精神赋予人文理念或人本价值，是工匠们的普遍追求。例如，德国的窗户有两种打开方式，一种是横向内拉全开，一种是纵向小角度内倾。横向内拉，擦玻璃时很方便。如果窗户向外打开，就必须将胳膊或者大半个身子探出窗外才能擦到窗户玻璃的外侧，对住高楼的人来说非常危险。纵向小角度内倾，则相当于在窗户上端开了个大缝，既透气又不会漏雨。在德国，类似这样的饱含人文理念和人本思想的人性化设计随处可见，尤其在人们的生活中体现到了极致。当然，在中国制造业迅猛发展的过程中，饱含人本理念和人本思想的设计、产品和服务也随处可见，这都是工匠精神具有人本价值的体现。

（三）创新价值

关于工匠精神的创新价值，可以在阐述其他精神的过程中得到证实。工匠精神具有"尚巧"的创造价值，"巧"并不是一种简单的模仿，它在本质上体现了创造性思维的特质，它要求人们敢于打破常规，别出心裁，不拘泥于传统。传统的工匠虽然也从事制作活动，但并不是简单、机械的重复性体力劳动，而是一种持续性的创造过程，是一个不断对技艺、产品进行提升、完善的过程。这就是工匠精神的创新价值，也是对工匠精神具有创新价值的阐释。

（四）自我实现价值

个体的价值，既表现为个体存在的意义（个体对社会的重要性、责任和贡献等），也表现为社会对个体的尊重和满足。前者是个体的社会价值，后者则是个体的自我价值，二者既相互联系又相互区别，缺一不可，共同构成了个体的价值。在中国长达五千多年的中华民族文化中，存在着"重实干轻享受，重奉献轻索取"的优秀思想和价值理念，导致个体的尊重和满足在一定程度上受到压抑，自我价值的实现也因此受到压制，从而影响了个体潜能的发挥。同时，随着机器大工业的发展，机器生产代替了传统的手工劳动，虽然极大地提高了社会生产率，但它对工作者的自由发展构成了威胁，客观上阻碍了工作者的"向内发展"，这里的"向内发展"就是指个体自我价值的实现。这一现实，不但不利于人的全面发展，也不符合我国大力培育创新型人才的要求。

因此，培养精益求精的工匠精神，其意义不只是要倡导工作者追求精湛的技艺，更要追求"道技合一"的自由和自我实现的满足。对具有工匠精神的工作者而言，工作不再是无奈、痛苦的事情，他们会将自己投入其中，从而找到自我价值，获得成就感。这就是工匠精神自我实现的价值。

当代工匠精神价值的研究和分析，不仅是为了让人们了解工匠精神具有哪些当代价值，而且是为了让人们在对工匠精神当代价值进行科学认知的基础上，在科学的分析中深刻地把握其价值所传递出来的正能量。也就是要让人们十分清楚地知道，精益求精的工匠精神，不是工匠们一味的付出和奉献。在为国家、为社会、为企业做贡献的同时，他们无论在精神层面，还是在物质层面都有更重要的收获，从而使工匠们在以后的劳动中更有成就感，使他们的精神更加饱满，身心更加和谐，从而为技术创新提供源源不断的动力。

第三节　工匠精神的教育价值

本节主要从时代发展、教育改革发展、"双一流"建设、思想政治工作四个方面阐述了工匠精神的教育价值，深入分析了工匠精神所蕴含的"以人为本、德高为上"的匠人品质、"精益求精、追求卓越"的价值追求、"求实创新、锐意进取"的行业目标以及"严谨专注、持之以恒"的精神内核，梳理了工匠精神与教育工作的根本任务、教育目标、途径和方式等的内在联系，阐明了工匠精神所具有的思想政治教育价值。

一、工匠精神的思想政治教育价值

近几年，工匠精神屡被提及，在不同的领域，工匠精神也被赋予了更多、更广、更深的意义。工匠精神所蕴含的"以人为本，德高为上"的匠人品质，"精益求精、追求卓越"的价值追求，"求实创新、锐意进取"的行业目标以及"严谨专注、持之以恒"的精神内核，与高校思想政治教育工作的目标、途径等具有高度契合的联系。

（一）"以人为本，德高为上"的匠人品质与思想政治教育立德树人的根本任务同源同根

古代的能工巧匠对技艺的传承人有着严格的要求，"人"为本，"德"为先。这里的"人为本"可以理解为以人才为根本，"德为先"就是人才要

有良好的道德和品行。思想政治教育立德树人根本任务中的"德"也指"道德、品行","立德",就是坚持德育为先,通过正面教育来引导人、感化人、激励人;"树人",就是坚持以人为本,通过教育来塑造人、改变人、发展人。可见,古代先贤在传承技艺方面,对人才的要求是"德为先";思想政治教育立德树人,也是使受教育者具备良好的"德",虽然两者的出发点不同,但对人才德行的要求是同源同根的。

(二)"精益求精、追求卓越"的价值追求为思想政治教育工作提供全面性、系统性的价值导向

《诗经·卫风·淇奥》中"如切如磋,如琢如磨"一句,形象地体现出中国古代工匠精益求精的品质。思想政治教育工作具有全面性和系统性,因此,无论是匠人对产品价值追求的实现,还是思想政治教育目标的达成,都是一个需要长期坚持并不断完善的过程,需要用匠人们"精益求精、追求卓越"的价值追求为思想政治教育工作的系统性和全面性提供价值导向。

(三)"严谨专注、持之以恒"的精神内核为思想政治教育工作提供内在动力

匠人们坚毅、专注、踏实、敬业、耐心、细心的宝贵品质,折射出匠人们"严谨专注、持之以恒"的精神内核。开展思想政治教育工作,是一项重大任务。要完成这一任务,需要"严谨专注、持之以恒"的精神内核提供强大的精神支撑和持续的动能输出,确保思想政治教育工作顺利进行;始终坚持以立德树人为根本,以理想信念教育为核心,以社会主义核心价值观为引领,切实抓好基础性工作,全面提升思想政治教育的工作水平,为社会培养合格的建设者和可靠的接班人。因此,高校思想政治教育工作者必须保持

"严谨专注、持之以恒"的精神,将高校思想政治工作的各项要求落实到教育教学工作的全过程。

二、工匠精神的培养及应用

把工匠精神融入高校思想政治教育,是进一步加强和改进思想政治教育的时代诉求。因此,高校特别是农科院校必须重视工匠精神的培养及应用,在推进课程体系建设、创新创业教育、校园文化建设、社会实践等各项工作中,深入挖掘工匠精神的价值,切实提升高校思想政治教育的工作水平。

(一)工匠精神融入课程体系建设

当前,随着高等教育教学改革的发展,"双一流"、新工科、新农科等院校的学科建设都提出了新要求,高校紧扣人才培养目标,越来越重视课程体系建设,特别是加强思想政治理论课程的建设工作,不断推进课程教学改革的实践探索,不断夯实思想政治的学科理论。一方面,要以调动教师的教学积极性和学生的学习主动性为切入点,将"以人为本,德高为上"的匠人品质融入思想政治理论课及专业课程教学中。如,在讲授遗传育种专业课时,教师可以引入"杂交水稻之父"袁隆平追逐梦想的故事,将他年逾九旬仍致力于带领团队研究"超级水稻",立志造福全人类的事迹所折射出的"以人为本、德高为上"的匠人品质融入课堂教学中。通过生动、真实的故事,使学生潜移默化地接受工匠精神的影响和熏陶,实现塑造学生人格、提升学生思想境界、培养学生知农、爱农意识的思想政治教育目标。另一方面,要以课程教学改革试点和创新教育教学方法为突破口,将工匠精神融入探索思想政治教育与专业教育深度融合的过程中。例如,在课程中开展融入工匠精神内涵的"学分化辅修""模块化教学"等教学改革试点，创新运用融入工匠精神的"体验式实践""实践化感悟"等教育方法，让学生在学与用、思考与实践中真实地感受工匠精神，培养他们一丝不苟的职业道德。

（二）工匠精神融入文明校园建设

教育部、中央文明办在 2015 年 9 月下发的《关于深入开展文明校园创建活动的实施意见》（教基一〔2015〕7 号）中明确要求，全国各级各类学校深入开展文明校园创建活动，要坚持价值引领，把培养和践行社会主义核心价值观贯穿于创建活动的全过程。可以说，文明校园的创建需要以培育和践行社会主义核心价值观为统领，而"精益求精、追求卓越"正是工匠精神的价值追求。从内涵上分析，一个是整体价值观的宏观引领，一个是具体目标的价值追求，可以认为，整体价值引领包含了具体的价值追求。因此，将工匠精神融入校园文明建设，不仅可以丰富社会主义核心价值观的内涵，而且可以使追求的目标更加具体化。将工匠精神落实到文明氛围营造、基础设施完善、校园环境治理、公共秩序维护等创建文明校园的具体工作中，以"精益求精、追求卓越"为目标，开展好文明校园创建工作。将工匠精神融入校园文化建设，发挥校园文化铸魂育人和凝心聚力的作用，发挥文明创建窗口和平台的作用，发掘院校师生中涌现出的先进典型，凝练出他们身上"精益求精、追求卓越"的精神品质，用身边的人、身边的事教育、引导广大师生，使他们在潜移默化中自觉向先进看齐，逐步将工匠精神融入生活、工作、教学、科研中。

（三）工匠精神融入创新创业教育

教育部在《高等学校乡村振兴科技创新行动计划（2018—2022 年）》（教技〔2018〕15 号）中指出，鼓励大学科技园、创新创业基地等开展农业农村领域的创新创业项目；支持建设一批有示范性的高校乡村振兴创新创业基地，支持高校师生开展农业农村领域创新创业活动，推进高科技成果的有效转化和应用。那么，对于农科院校来说，应该主动出击，抢抓机遇，发挥自身优势，将"求实创新、锐意进取"的工匠精神融入创新创业教育，努力为服务乡村振兴战略做贡献。

首先，要将"求实创新、锐意进取"的工匠精神融入创新创业教育计划中，进一步强化对创新创业教育的认识。创新创业教育可以分为创新教育、创业教育两个层面。创新教育是以培养人们创新精神和创新能力为基本价值取向的教育，突出思维、方法、手段、技能等方面的创新作用；而创业教育侧重创业行为发生前的理论指导和创业过程中的实践指导，目的是更好地服务于创业实践。工匠精神中的"求实创新"即讲求实际，寻求突破，通过客观、冷静的观察形成对客观实际的正确认识，了解事物的本质，深入探索，寻求创新，切合创新教育范畴。"锐意进取"则更注重在实践中意志坚决地追求上进，下决心有所作为，力图切合创业教育范畴。因此，在创新创业教育的计划制定的过程中，要紧跟农科专业发展前沿，将不断增长的新需求融入专业发展，培养学生永无止境的探索精神，促进学生不断地提高用新方法解决问题的能力，通过解决问题不断地增加创新精神的实践性积累，从而让工匠精神的培养具有更为积极的实践意义和深厚的现实基础。

其次，要将"求实创新、锐意进取"的工匠精神融入创新创业课程中，不断丰富并完善创新创业课程。培养大学生树立求实创新意识、提升思想境界、强化理论学习、增强实践认识。持续、系统、专业地进行创新创业课程教育与引导，能真正让大学生在接受教育的过程中深刻领会工匠精神的实质，自觉践行工匠精神。

最后，要将"求实创新、锐意进取"的工匠精神融入创新创业教育的方法体系，提升创新创业教育的实效性。创新创业教育本身就有别于专业课程教育，对农科院校来说，更需要突出"农"字特色，进一步丰富、完善、创新教学方法。例如，将工匠精神融入课程、案例和实践，通过"嵌入式"教学方法，将"求实创新、锐意进取"的工匠精神渗透在知识的讲授中；再如，采用"头脑风暴"、思维拓展等方法，运用启发式、讨论式、交互式以及体验式等创新方式，结合案例教学、模拟创业实践等，在潜移默化中深化学生对工匠精神的理解和认同，真正发挥教育的作用。

（四）工匠精神融入社会实践

农科院校应该把握工匠精神"严谨专注、持之以恒"的精神内核，将工匠精神的培养融入社会实践。首先，要以严谨、专注的态度，探索开展社会实践的目的和意义。中共中央、国务院在《关于进一步加强和改进大学生思想政治教育的意见》中明确指出，社会实践是大学生思想政治教育的重要环节，对促进大学生了解社会、了解国情、增长才干、奉献社会、锻炼毅力、培养品格、增强社会责任感具有不可替代的作用。其次，要有持之以恒的精神，始终坚持以立德树人为根本。最后，要在严谨专注、持之以恒精神的指引下，建立开展社会实践活动的长效机制。要积极整合校内外资源，打破"围墙"，联系企业和科研院所，创新合作办学、协同育人的实践教育机制，落实产、学、研结合的实践育人模式,使大学生通过实践锻炼,提升专业自信,积累社会实践经验,激发创业热情,练就优秀的创业本领,努力成长为德智体美劳全面发展的社会主义建设者和接班人。

第四节　工匠精神的时代内涵

在国际产业变革的大趋势和我国经济发展新常态的背景下,中国政府重新审视了制造业发展的新格局,于 2015 年正式提出《中国制造 2025》的战略计划,是制造强国战略第一个十年的行动纲领。要实现这一宏伟目标,需要一大批高品质的企业和高技能、高素质的人才做支撑。2016 年的《政府工作报告》正式提出培养工匠精神的重要性,并明确指出:"要鼓励企业开展个性化定制、柔性化生产,培养精益求精的工匠精神,增品种、提品质、创品牌。"十九大报告强调:"建设知识型、技能型、创新型的劳动者大军,弘扬劳模精神和工匠精神,营造劳动光荣的社会风尚和精益求精的敬业风气。"这说明为工匠精神赋予新的时代内涵,对新时代弘扬工匠精神具有重要的意义。

一、中国传统文化中的工匠精神

所谓工匠最早是从农业生产中分离出来的,指的是专门从事手工业生产的匠人或手艺人,如木匠、瓦匠、铁匠、石匠、玉匠、皮匠、裁缝等。他们依靠熟练的手工技艺制造出精湛的手工艺品,并以此作为谋生的手段。工匠在对制造品精雕细琢和技艺提升的过程中领悟"道"的真谛,然后将自己的技、艺、道通过师徒关系或者亲子关系传承下来，使其得以延续和发展。工匠精神在中国传统文化中，包含高超的职业技能和对产品精益求精、追求卓越的职业态度，是"道技合一"的职业追求及尊师重教的传承。

从职业技能层面看，工匠们拥有某一特定技艺或专门技能，追求技艺之"巧"。《说文解字》有云："工，巧饰也。"《荀子·荣辱》有云："农以力尽田，贾以察尽财，百工以巧尽械器，士大夫以上至于公侯莫不以仁厚智能尽官职。"由此看来，"巧"是从事手工业生产和器械制造活动应具备的能力。工必尚"巧"，有高超的职业技能或技艺是对工匠基本职业素质的要求。

从职业态度层面来看，工匠们对产品精雕细琢，追求至善尽美，追求产品之"精"。《诗经·卫风·淇奥》有云："如切如磋，如琢如磨"，通过这两句简短的描述，我们能了解到古代的工匠在对玉石、骨器等进行切割、细刻、抛光时认真琢磨、一丝不苟的工作态度，能体会到他们对制造的产品力求精益求精、尽善尽美的敬业精神。工作中细致严谨，对产品精益求精，注重质量和品质，是工匠应具备的工作态度。

从职业追求层面来看，工匠们在对产品精雕细琢的过程中领悟真谛，并在悟"道"得"道"的路上力求德艺兼修，以实现自身的职业理想和人生价值。《庄子·养生主》中记载："庖丁为文惠君解牛。手之所触，肩之所倚，足之所履，膝之所踦，砉然向然，奏刀騞（huō）然，莫不中音。合于桑林之舞，乃中经首之会。"梁惠王对庖丁精湛的技艺赞不绝口，庖丁答曰："臣之所好者道也，进乎技矣。"所谓"技可进乎道，艺可通乎神"，就是当某项技艺达到巅峰后，再进一步前进便接触到了"道"，即天地规律。工匠们善于利用自然道法来提升职业技能，并将所领悟的自然道法转变为人生态度,在力求技能水平上升的同时不忘提高自身的道德修养。在德艺兼修的道路上实现职业理想和人生价值,"道技合一"是工匠应具备的职业追求。

从技艺的传承模式来看,言传身教的教学模式、尊师重教的师徒感情是工匠精神得以延续的保证。徒弟在师父的示范和指导下进行实际操作,实现技艺的传承,熟悉行业的规则,加强职业的道德修养,体会师父的为人处事、待人接物之道。在这个特殊的学习过程、工作方式和生活模式下,古代的工匠们对"师父"十分敬重,正所谓"一日为师,终身为父",就体现了中国古代师徒制度中"尊师重教"的传统。正是靠着"尊师重教"的求学态度和尚"巧"的职业技能、求"精"的职业态度和重"道"的职业追求,工匠精神才能在时代的不断发展和变化中延续和传承下来。

二、工匠精神的时代价值

在国际产业变革的大趋势和我国经济发展进入新常态的背景下,中国的经济结构也迎来了重要的转型期,正面临着产业结构优化升级和供给侧结构性改革的挑战。实施"中国制造 2025"战略,实现制造强国的目标,需要"中国制造"的企业具备战略眼光,确保产品和服务的质量和品质。从操作层面上看,企业要保证产品和服务的质量和品质,离不开具有工匠精神的技能型人才的参与。当今时代需要弘扬和培养的工匠精神是当代劳动者应具备的职业技能、职业态度、职业追求的综合体现。当代中国需要的工匠精神,是在机械化大生产、智能化生产、大数据、云计算、"互联网+"等背景下,劳动者在工作中爱岗敬业、严谨细致,不断提升职业技能,对产品和服务精益求精、至善尽美,大胆创新的精神。所以,工匠精神的主体价值并没有随着经济社会的发展隐退在技术革新的浪潮中,相反,工匠精神所包含的职业态度和品质是对传统工匠精神的继承和发展，在当今中国社会的发展中具有更为重要的时代价值，也将承着载更多的历史使命和责任。

（一）产业结构优化、升级需要工匠精神

推进全方位的供给侧结构性改革，强调的是产业优化升级和经济结构转型，并以更科学、合理的方式和比例配置资金、人力和土地等资源，以保证经济增长质量和经济增长速度同时实现稳步提升。积极推进供给侧结构性改革，既要求企业牢固树立质量意识和品牌意识，又要求企业重视员工工匠精神的培养，持续推进自主创新，为社会提供更多的有效供给，以满足国内、国际不断升级的消费市场需求。因此，弘扬和培养工匠精神对完成产业结构的优化升级和供给侧的结构性改革具有重要的促进作用。

（二）社会主义道德新风尚的养成呼唤工匠精神

随着社会的不断发展和进步，我们应该逐渐认识到，社会进步和人类的创造成果都离不开劳动，劳动不仅可以体现个人价值，而且可以提升社会的生产水平，凝结在产品和服务中的劳动不能因分工不同就被区别对待，我们必须摒弃以不同职业来划分社会阶层的错误观点。目前，我国大力倡导"职业有分工，职业无贵贱"的职业观，是现代社会对公平和平等的内在要求。国家和企业应该提高工匠的待遇，呼吁社会认可工匠的价值，促使更多技能型人才具备工匠精神，进而使产品和服务的质量和品质得到提升，使"中国制造"的产品赢得消费者的信任，使"制造强国"的战略目标得以实现。因此，对工匠精神的弘扬和培养不仅是时代的呼吁和要求，更是影响社会主义道德新风尚养成的重要因素。

（三）从业者实现个人价值离不开工匠精神

随着产业结构的优化、升级，"中国制造 2025"战略的提出，社会群众更关心产品的质量，对制造类企业提出了更高的要求。企业为满足消费者对质量的需求，在招聘时，更注重求职者的职业综合素质，不再局限于职业技能。求职者进入企业后，要想在职业生涯中获得晋升机会，实现职业理想和个人价值，必须同时具备硬实力和软实力。硬实力主要指岗位相关的职业技能和专业知识，而软实力则指的是同时包含职业技能、职业态度、职业精神和职业追求的工匠精神。如果只注重职业技能的提升，而忽视工匠精神的培养，将很难充分实现自身价值，最终导致其职业技能也很难取得很高的造诣。因此，工匠精神的培养不仅是从业者综合职业素质不断提升的内在动力，也是促使劳动者向"有业、敬业、精业、乐业"转变的重要前提，对个人、企业和社会的发展都具有重大的影响。

第三章　工匠精神的传承研究

第一节　改革开放以来工匠精神的
传承与发展

改革开放的特殊环境赋予了工匠精神新的内涵和特点。改革的实践增强了工匠精神的开创性;开放的态度升华了工匠精神的包容性;科技的发展提升了工匠精神的创新性。

作为一种价值信念、行为习惯和精神表达的工匠精神,它的具体内涵和特点会随着社会环境的变化而改变。社会主义建设初期,在国家加速工业化进程的背景下,工匠精神形成了其特殊的内涵。而改革开放以来,伴随着国家工业化进程和现代文明的塑造,工匠精神的内涵愈加丰富。工匠精神的传承与发展,既积极响应了时代的发展潮流,又在改革开放的历史进程中发挥了重要作用。如今,改革开放步入新的阶段,我们要继续挖掘工匠精神的时代内涵,为建设"制造强国"提供有力支撑。

一、改革开放的实践要求工匠精神实现传承与发展

我国传统文化孕育的工匠精神,是工匠优秀品质的凝结,在国家的建设

和发展过程中发挥着重要作用。改革开放以来，工业化道路的开展和创新、市场经济的发展和完善、精神文明的建设和提升，都要求工匠精神实现传承与发展。

（一）工匠精神是工业化道路发展创新的选择

工业化程度是衡量一个国家综合国力的重要指标之一，无论是为百姓提供日常生活所需，还是打造"国之重器"，发达的工业都可以发挥一定的作用。

经过改革开放的实践和发展，中国的工业化水平突飞猛进，工业化建设所取得的成绩世界瞩目。但是，新的问题也随之而来，在经济全球化深入发展、科学技术日新月异的背景下，以环境和资源的高投入为基础的制造业逐渐成为国民经济发展的障碍。为了追赶第三次科技革命的步伐，党的十六大适时地提出"要走一条新型工业化道路"，尤其强调要注重科技含量和经济效益的提升，同时要求工业化生产在降低资源消耗和环境污染方面下功夫，明确了今后国家工业的发展方向。十八大以来，党中央提出了新发展理念并发布了《中国制造2025》，大力推进供给侧结构性改革，这一系列举措既是对当前发展问题的回应，也反映出我国工业发展进入了调结构、求转型、稳增长的新阶段。

在社会主义现代化进程中弘扬工匠精神，必须要求各行各业都要把创新摆在日常工作的重要位置，培养出能创新、善创新的新时代工匠，使我国由工业大国走向工业强国，由制造大国走向制造强国。

（二）工匠精神是市场经济健康发展的要求

随着改革开放的不断深入，市场经济发展的程度也不断加深。随着社会主义市场经济体制建设的推进，中国的经济发展速度逐渐提升。企业家们把握市场机遇，利用低价格要素的比较优势，发展工业和制造业，迅速扩大了生产能力和市场份额，越来越多的"中国制造"具有了强大的市场渗透力和规模扩张力，"中国价格"也越来越具有市场冲击力和品牌亲和力。

然而，低成本竞争的发展模式不能永久支撑中国经济。以自主创新为基础的竞争优势明显不足，能够在世界舞台上立足的中国品牌并不多等现实问题，对我国转变经济发展方式、调整市场经济布局提出了新的要求。同时，在社会主义市场经济下，人们竞相追逐经济利益，对良好社会风气的形成产生了负面影响。因此，实现市场经济的健康发展，不仅要继续发扬工匠精神所包含的精益求精、练技修心、爱国敬业等优秀品质，还要赋予工匠精神新的时代内涵，让工匠精神促进市场的健康发展。

（三）工匠精神是社会主义精神文明建设的条件

十八大以来，国家高度重视精神文明建设。为了巩固改革开放的伟大成就，应对世界范围内的文化碰撞和科学发展，战胜前进道路上的困难和挑战，需要加强社会主义精神文明建设。作为一种具有时代性的精神，工匠精神是以爱国主义为核心的民族精神和改革创新的时代精神的生动体现。因此，在改革开放时期，实现工匠精神的创新发展，是社会主义精神文明建设不断推进的时代诉求。让工匠精神融入精神文明建设过程，是工匠精神实现传承与发展的重要目标。

二、改革开放的实践对工匠精神的丰富和创新

不同时代的工匠精神具有不同的内涵。传统意义上的工匠精神，指的是

手工业者专注于本行业，力求具备精湛技艺的精神。现代意义上的工匠精神，则体现了工艺与价值的双重塑造。在改革开放的伟大实践中，工匠精神的开创性、包容性和创新性都得到了进一步增强和升华。

（一）改革的实践增强了工匠精神的开拓性

改革开放以前，生产力发展相对缓慢，科技教育水平相对落后，人民的温饱问题得不到有效解决。在计划经济体制的影响下，无论是国家的体制、政策，还是人民的思想、行为，都亟待变革。1978 年党的十一届三中全会召开以后，中国翻开了改革开放的新篇章，这是一场"前无古人"的事业，没有任何案例和经验以供参考。正是在这样的情况下，我国逐渐探索出了一条中国特色社会主义道路，并确立起与之相适应的一整套制度。

随着社会主义市场经济体制的逐步确立和完善，"改革"也成为中国社会发展的关键词。社会改革可以反映社会意识。工匠精神作为社会意识的内容之一，其形成和发展也会受到了社会改革的影响，改革开放的伟大实践增强了工匠精神的开创性。比如，一批企业践行工匠精神，开创性地确立了中国品牌的世界地位。

（二）开放的态度升华了工匠精神的包容性

世界的发展历史告诉我们，一个国家、一个民族要实现自身的发展，必须以开放的姿态和敞开的胸怀面向世界。实践证明，经济的发展离不开对外开放，技术的进步同样需要与其他国家进行互动和交流。工匠精神的包容性即在改革开放的伟大实践中得到了发展和升华。

改革开放以来，我国屡屡派考察团赴国外考察，前往德国、美国、日本等国家进行学习访问。出国考察和访问不仅开阔了我们的眼界，而且也使我们意识到乐学习发达国家先进发展经验和技术的重要性。改革开放以来，中国对外开放的力度不断加大，设立经济特区、开放沿海城市，制定外商投资的相关政策和法律法规，鼓励中外合作办厂，积极引进西方的资金、设备和手段等。在对外开放的背景下，工匠精神的包容性也有了更深刻和更广泛的内涵。从纵向来说，改革开放时期的工匠精神继承了传统工匠精神的核心要义；从横向来说，工匠精神更加具有开放的胸怀。随着中国大门的敞开，国人开始把眼光投向世界。钻研技术的工人看到了中国的制造业和工艺技术与世界发达国家之间的差距，从而越来越注重对国外生产技术的学习和钻研，开始奔赴世界各地进行学习。工匠精神在交流和学习的过程中，吸收好的技术和经验，融会贯通，实现超越。因此，工匠精神的包容性特点在对外开放的实践过程中得到了升华。

（三）科技的发展提升了工匠精神的创新性

自古以来，工匠精神就蕴含着创新的内涵。《考工记》有云："知者创物，巧者述之守之，世谓之工。"将"创物"者称为"知者"，将"述之守之"者称为"巧者"，从这里可以看出古人早就对工匠进行了区分，只有那些懂得创造的工匠才能称为"智者"。中国古代"四大发明"享誉海外，正是具有卓越创新精神的工匠钻研的成果。新中国成立后，在众多科技工作者的努力下，我国有了许多创新性的成就，如导弹、氢弹、人造地球卫星等国防科技成果，打破了西方国家的技术封锁。

在改革开放的实践中，中国的科学技术水平有了质的飞跃。科技的发展使我们重拾了工匠精神的创新特质，同时也对创新提出了更高的要求。在广大科技工作者和劳动人民的共同努力下，中国的工业制造和科学技术在许多领域都实现了创新性发展，载人航天、互联网大数据、生物科技等，实现了从无到有，从有到优的根本性转变。坚持创新发展，是改革开放实践得出的正确结论，是在 21 世纪站稳脚跟的关键。这一实践性结论使工匠不仅要"造物"，还要"创物"的观念逐渐深入人心。

当前，经济发展的新常态给中国带来了新的发展机遇，成为实现中国经济转型升级的重要契机。"大众创业、万众创新"、供给侧结构性改革、创新驱动发展战略、新发展理念等，这些新政策、新理念，都瞄准着创新这个时代航标。技术创新需要人才，人才可以支撑起中国创新战略的发展。党的十九大报告指出，要"建设知识型、技能型、创新型劳动者大军，弘扬劳模精神和工匠精神，营造劳动光荣的社会风尚和精益求精的敬业风气。"科学技术日新月异，要追赶时代步伐和世界潮流，必须要把创新放在重要位置。

改革开放新阶段，工匠精神又增添了许多新的时代气息。全面建成小康社会，实现社会主义现代化，打造人类命运共同体等，这些发展目标又进一步丰富了工匠精神的内容。弘扬工匠精神，既要以精益求精的态度练好基本功，又要以追求卓越的心态提质增效，从而为攻克核心技术、提升智能制造、绿色制造水平提供有力支撑。

三、工匠精神在改革开放实践中的重要作用

从开启新时期到跨入新世纪，从站上新起点到进入新时代，我国走过了一段波澜壮阔的奋斗历程，绘就了一幅气势恢宏的历史画卷，谱写了一曲荡气回肠的时代赞歌。改革开放的伟大成就折射出中华儿女执着专注、勇于前进、敢于革新的品质，闪耀着工匠精神的光芒。弘扬和培养工匠精神，在改革开放中发挥着独特的作用。

（一）铸就制造大国，打造制造强国的目标

工业文明的发展史告诉我们，强大的制造业可以帮助一个国家在世界上立足。新中国成立初期，我国的工业基础薄弱，生产力水平低，产业配套、技术水平和管理水平都与发达国家有很大的差距。改革开放以来，特别是2010年，我国跃升为世界第一工业制造大国。截至2018年，我国制造业增加值占全世界的份额达到了28%以上，在500多种主要工业产品中，有220多种产品的产量位居全球第一。伴随着经济的高速增长，我国制造业持续快速发展，建立了门类齐全、独立完整的产业体系，大大推动了我国的工业化和现代化发展进程。

中国用几十年的时间走完了发达国家几百年走过的路，这是一个奇迹。这一奇迹的实现，与精神力量密不可分，而这些精神力量无不体现着工匠精神的内涵。在过去的历程中，我国的劳动者发扬工匠精神，为制造业的发展贡献了巨大的力量。新时代，要打造更多享誉世界的"中国品牌"，推动中国经济发展进入质量时代，必须在全社会范围内厚植工匠精神，弘扬工匠精神，需要劳动者把工匠精神作为社会生产的内在支撑，将工匠精神的要求作为社会生产的准绳。

（二）塑造社会核心价值，促进人的自由、全面发展

改革开放以来，尤其是在市场利益的竞相角逐下，一些人心浮气躁，盲目追求"短、平、快"带来的经济利益，忽略了工匠精神。但是，工匠精神作为一种内在追求，早已融入改革开放的发展历程，蕴含在中国人民的奋斗过程中。这对社会核心价值的塑造、人的全面发展具有重要意义。

社会核心价值的塑造，是每个国家、每个时代的永恒话题。工匠精神的

传承和发展，对改革开放时期核心价值的塑造起了重要的作用。一方面，工匠精神吸收了中华民族的传统美德，并将其用新的形式呈现出来；另一方面，工匠精神契合了社会主义核心价值观的要求，它与弘扬社会主义核心价值观密不可分。弘扬工匠精神，有利于继承和弘扬传统美德，有利于落实社会主义核心价值观的要求。

社会核心价值的塑造，是对每个社会成员的普遍要求，而树立正确的价值观，是社会成员实现全面发展的重要条件。在生产生活中，劳动者秉承工匠精神，认真打磨技艺，精益求精，爱岗敬业，从而提升了素质、实现了自我的主体价值。有本领、有技术、有精神，就能在劳动的过程中更好地实现自身的价值。因此，培养工匠精神的过程，也是实现人全面发展的过程。

（三）厚植改革斗志，助力改革开放

改革开放以来，中国人民逢山开路，遇水架桥，克服各种困难，迎接各种挑战，创造了伟大的成就。中国从一个人口多、底子薄的国家，一跃成为世界第二大经济体、第一制造业大国。但是，秉承工匠精神的我们并没有安于现状，追求进步是我们一贯的坚持。我们没有停留在已经取得的成就上，而是以追求进步的态度继续推进改革开放。

当前，经济全球化、信息科技化、人工智能化蓬勃兴起，给政治、经济、文化、社会等各方面的发展都提出了新要求。我们不仅面临着产业转型升级、结构调整增长、科技创新争先的挑战，同时还要应对推进政治体制改革、保持社会秩序稳定带来的难题。我们要继续弘扬工匠精神，以精益求精、务实进取的态度落实好各项发展和改革任务，把改革开放推向新的高度。同时，伴随着工业化道路的开展和创新、市场经济的发展和完善、精神文明的建设和提升，工匠精神实现了自身的创新与发展，其开拓性、包容性和创新性都得到了升华，在改革开放的过程中发挥了重要的作用。

发展质量的提高、政治体制的变革、尖端科技的发展、人民生活水平的提升，是社会主义现代化国家的现实要素。这一切的实现，都离不开各行各业的工匠。他们用创新性的思维和技术方法，创造出了有时代特色的"高精尖"产品，不断地满足了国家发展的战略性需求，也不断地满足了人民日益多样化、高层次的生活需要。

今天我们所倡导的工匠精神，是一种敢于开拓、勇于创新、开放包容的精神。新时代的劳动者要不断地修炼内在品质，提升精神境界，掌握更多关键领域的关键技术，制造出更尖端的时代精品。与此同时，我们还要创造各种物质条件，竭力在各行各业中培养工匠，尤其是要注重培养年轻一代的工匠，让我们的社会充满活力，为改革开放的新征程提供源源不断的动力。

第二节　新媒体场域中工匠精神的传承

当今时代，新媒体场域逐渐成为大学生在课外获取信息的主要来源。新媒体场域包括新媒体技术、新媒体平台、新媒体内容、新媒体影响等。新媒体场域作为青年一代重要的聚集地，工匠精神的传承和发展获得了新机遇，同时也迎来了新挑战。本节主要分析工匠精神在新媒体场域中传承的优势和劣势，找出存在的问题，并提出相应的建议。

一、如何理解新媒体场域

法国社会学家皮埃尔·布尔迪厄（Pierre Bourdieu）将场域定义为位置间客观关系的一种网络或一个形构，这些位置是经过客观限定的。场域是社会成员按照特定的逻辑要求共同建设的，是个体参与社会活动的主要场所，是集中的符号竞争和个人策略的场所。我们认为，场域概念是内含力量的、是有生气的、有潜力的存在，不是被一定范围和界限设定的区域或场所，而是一个特殊的空间。

新媒体场域是指基于新媒体技术和平台，产生出来的生活、学习、娱乐等功能和使用体验，以及在该体验中对使用者产生影响的各种相关因素。

因此，新媒体场域既包括新媒体技术和平台，也包括新媒体给使用者带来的体验和影响。学生所处的新媒体场域可称为"虚拟社会"，借助新媒体平台，学生获取信息，进行互动，受到影响，并将这种影响持续吸收、消化和整合，内化为学生自身精神和行为的一部分。它是集学习、生活、娱乐、文化于一体的区域。

二、新媒体场域中工匠精神的传承问题

作为大学生职业精神的主要培养目标，工匠精神的培养也应该全方位地融入大学生的生活。除了课堂，也要充分发挥日常生活的教育作用。新媒体场域作为青年学生集学习和生活于一体的重要场所，之所以要将工匠精神融入其中，主要是因为存在以下两个问题：

首先，在新媒体场域中，教育功能不能得到有效发挥。工匠精神强调培养学生专注、执着的品质，这与新媒体"快速、多变、海量"的传播特点相

差甚远，导致学生在新场域中的行为体现出无意识的形态。新媒体甚至在一定程度上，占用了学生的有效时间，消解了学生的工匠精神。

其次，在新媒体场域中，学生过程调控能力差。工匠精神的培养不是一朝一夕的事，很多学生将大量的课外时间花在与学习不相干的活动上，新媒体场域中时间的利用率低。在现有的新媒体场域中，学生不能及时作总结，不能实事求是地评价自身的学习情况，不利于学生工匠精神的培养。

三、新媒体场域中工匠精神传承的路径

新媒体正在改变青年学生获取信息与传递信息的方式，带动了社会的进步、科学的发展，让人们的生活更加丰富和便利。如何因势而新，充分运用新媒体场域，做好新时期的工匠精神培养工作，要从以下三个方面着手：

一是借助新媒体场域，多角度、立体化、高效率地宣传工匠精神。新媒体以网络平台为主要阵地，通过网络实现信息的传播。借助新媒体场域，可以及时发布工匠精神的优秀案例，时效性强；新媒体信息的内容、形式多种多样，图文并茂、生动直观，可以有效地提高学生的关注度，提升工匠精神的宣传速度和宣传效果。

二是利用新媒体场域，多渠道、多层面地提升工匠精神的教育效果。当代学生对网络的依赖度越来越高，新媒体也逐渐成为学生生活的重要组成部分。新媒体平台给高职院校大学生的学习态度和生活思想带来了前所未有的改变。我们要积极地推进新媒体与传统媒体的有机结合，推进传统媒体与微博、微信等新媒体的融合发声，为工匠精神营造良好的社会氛围。

三是新媒体场域，多视角、协同化建设校园工匠精神文化。在校园文化建设中，利用新媒体场域，依托微课程、短视频、微活动等新媒体形式，能

更好地发挥学生的积极性和主动性，促使他们参与宣传工匠精神的文化教育活动，构建新媒体视角中的优秀工匠精神文化，有助于学生理解和体会工匠精神。

第三节　现代师徒制模式中
工匠精神的传承

师徒制在我国由来已久，是一种"父子相传，师徒相授"的传统传授方式，被广泛地应用到了手工艺、艺术、中医、武术、体育等教育领域中。师徒制是对传统技艺的传承，主要是由师父指导学徒并传授技艺，同时也教育学徒的思想品德与修养。师父在技艺和道德方面对学徒的影响很大，往往在这个过程中承担着类似父亲的角色，可谓"一日为师，终身为父"。

一、古代师徒制模式中的历史意蕴

（一）古代师徒制模式中尊师重道的传统道德

古代师徒制模式下，师傅选择徒弟的标准是很讲究的，不仅会考量学徒的自身条件，即天赋，而且重视学徒内在的道德品质。在工作、生活、学习中，师傅在技艺和道德方面对学徒的影响很大，师傅会成为学徒在各方面的榜样和典范。在生活中，师徒关系会以朋友或亲人的关系维系，师傅爱护徒弟，徒弟视师傅为父母，徒弟要有感恩之心，这种尊师重道的传统道德和感恩心、责任心也是工匠精神的体现。

（二）古代师徒制模式中言传身教的教育模式

古代学徒制模式中，学徒学习的基础在于观察和模仿，首先会让师傅示范，然后让学徒观察并加以模仿，在模仿的过程中有不对的地方师傅会加以指正，最后，师傅会让学徒在没有任何指导的情况下独自完成制作。在整个教学的过程中，师傅通过"做"和"教"把自己在制作过程中积累的经验传授给学徒。这种言传身教的教育模式同样也有助于工匠精神的传承。

（三）古代师徒制模式中一丝不苟的工匠精神

古代师徒制模式中，学习主要表现为对技艺一丝不苟的态度和精益求精的精神。正是这种精神才使得古代手工艺品无论是在构思、材料、装饰还是在性能上都经得起历史的考验。工匠需要花费大量的时间和精力，经过反复推敲、斟酌、对比和后期的不断修改与完善，来完成一件作品。这种一丝不苟、尽善尽美的追求有助于工匠精神的发展。

二、现代师徒制模式下，工匠精神的传承性与创新性

（一）现代师徒制中工匠精神的技术追求

在以往传统工匠的作品中，精益求精、尽善尽美的工匠精神体现得最为明显。世界上顶尖的产品，几乎都是这种一丝不苟的态度和尽善尽美的技术追求下的产物。中华民族是一个有着悠久文化历史的大国，师徒制的工匠精神自古代一直延续至今。工匠们反复斟酌、对比，花费大量的人力、物力去修改、完善才会完成一件优秀的作品，对作品精益求精的精神和刻苦钻研的态度无论在古代或现代，还是以后，都值得我们学习。

现代师徒制要求不应以作品的效率为最终目的，而是要学习古代工匠的精神，这样才可以带动我们国家从"制造大国"走向"制造强国"，从"中国制造"走向"中国智造"，才可以让我们对中国制造的产品充满信心。

（二）现代师徒制中工匠精神的创新性

现代师徒制需要继承传统师徒制的优良"基因"，要在教学规模、教学方式上突破限制。以师徒制教育为参考，重新认识传统的教育模式。我们应取其精华、去其糟粕，将古人好的经验运用在现代教育模式中。

现代师徒制要求舍弃古代师徒制中某些刻板的教学模式，不再使用古代师徒制中单一的教学方式。古代传统师徒制通常由一位师父单独授艺于徒弟，因此，徒弟所学技艺完全取决于他的师父。现代师徒制在传授理论知识和技术以外，更多地注重让徒弟"走出去"，把眼界放宽，更好地让学徒学习更多的知识，不再局限于师父自身。

三、现代师徒制模式下，工匠精神在高职院校的培养

（一）在职业道德素质中培养工匠精神

作为职业院校，有责任和义务加强学生的职业道德素质的培养。其中，开展职业道德教育，组织职业道德实践教育活动，不断改进教育教学方法，有助于完善学生工匠精神的培养。素质教育与技术传授是基础，精益求精、一丝不苟是工匠精神的内涵。工匠精神也并非工匠独有，它所代表的是一种专注的态度，更是一种融入血脉的情感。

高职院校与本科院校有所不同，高职院校会根据职业岗位的要求有针对性地实施职业知识与职业技能教育。

首先，把培养工匠精神作为高职院校职业道德教育工作的抓手，把培养学生的职业道德融入学生日常生活的各个方面。学校通过开设职业道德素质教育的相关课程，对学生进行思想品德教育，培养学生的工匠精神，在这个过程中教师如果发现某些学生存在思想品德方面的问题，应及时加以劝导和纠正。其次，将工匠精神与专业课程教学紧密结合。在教学过程中，帮助学生培养不同职业岗位应具备的职业素养。最后，将"先进人物""读书月""劳动模范个人事迹"等专题教育活动融入工匠精神的培养，通过组织学生观看影片、学习报道等方式帮助学生树立远大的理想。

（二）在实践操作中培养工匠精神

学校应把学院的教育模式与工匠的技艺模式有机结合起来，让学生和年轻教师在资源共享的模式中成熟起来，这不仅是培养学生，也是培养教师。要将现代师徒制的工匠精神和高职院校的人才培养有机地结合起来，可以对学生进行多方面的教育，使学生充分发挥各自的特长。在学校里，学生要学习一些理论知识，才可以更好地实践。等学生积累了一定的理论知识，可以去看看匠人的专业技巧，然后再付诸实践，在理论与实践有机结合的前提下，进一步培养学生的工匠精神。

学校引进企业文化对接校园文化，将行业、企业等要素融入校园文化，通过举办竞赛等活动，让学生亲身感受工匠精神的魅力，体会工匠的实践能力和创新能力。

采用师徒制的教学方式，除了可以聘任理论功底深厚的名师，还可以从企业、民间作坊中聘请具有丰富实践经验的工匠担任指导老师，这样有助于培养学生的工匠精神。

（三）改变工匠精神的传统观念

工匠精神的培养需要借助社会力量的大力宣传和弘扬。利用新闻媒体，加深人们对工匠精神的理解和认识，帮助人们树立正确的工匠精神观念，让人们对工匠精神有一个多层次、全方位的认识和了解。

高职院校的师徒制教育模式对学生的培养需要同培养工匠精神联系在一起，学校应树立正确的人才观和成才观，弘扬和培养精益求精的工匠精神，发挥企业文化对校园文化的影响作用，不仅有利于培养学生的工匠精神，而且有利于改变工匠精神的传统观念，为其赋予新的时代价值。

第四节　中国手工技艺中工匠精神的传承

传统的手工技艺作为农耕文明背景下人民社会生活的重要组成部分，承载着民众的经济与文化诉求。在文化创意产业开发和非遗保护工作推进的时代背景下，传统手工艺生产所承载的造物理念对中国从制造大国向制造强国转变具有重要的社会意义。

一、中国手工技艺传承对当代社会的重要性

中国传统手工技艺作为一种重要的文化载体和产业资源，在倡导工匠精神的当下，具有十分重要的意义。随着现代化的推进，工业生产逐步替代传统的手工生产，自然经济逐渐瓦解，传统手工艺的发展面临挑战，"精品化"手工技艺的进一步发展受到阻碍。因此，应当在倡导工匠精神的大背景下，注重传统手工技艺的传承与发展。在高职美术课堂中，教育者更应当担

负起教育重任，始终贯彻工匠精神，鼓励学生充分了解中国手工技艺传承的重要性，并做好各项手工技艺的传承与发展。

二、中国手工技艺传承中存在的问题

（一）技艺失传现象严重

传统手工技艺的保护和传承是文化遗产保护的重要内容。目前，许多以手工技艺为核心的传统美术、传统技艺类项目处于尴尬境地，甚至正在消失。"后继无人、技艺失传"是一个老生常谈的话题，一些具有独特价值与意义的传统技艺面临失传的危机，需要采取相应的措施进行保护与传承。除此之外，传统手工艺是一种依赖于人而存在的艺术形式，有"人存艺在，人去艺亡"的特性。因此，在保护和传承传统手工艺的过程中，个体占据着重要的位置。如今，对手工艺人的保护仍存在一些问题，需要进一步完善扶持与激励政策，重视对非遗传承人的认定、工艺美术大师的评审等工作，强调传承人培养的重要意义，从而逐步解决传统手工艺传承的难题。

（二）商业化经济影响传统手工技艺中工匠精神的传承

产业化发展是基于传统手工艺振兴诉求的一种尝试，对传统手工技艺的发展起到了促进作用，但由于经济效益与社会效益的不平衡，在商业利益的驱使下，逐步使传统手工艺的传承受到阻碍。在非遗保护的背景下，传统手工艺的产业化发展也是探索生产性保护的一种途径，在与旅游业结合的过程中，一些传统手工艺失去了原有的价值，沦为了商业化的盈利手段。所以，在倡导工匠精神的当下，我们更应当注重精品手工技艺的传承与发展，正确地看待传统手工艺的产业化发展，在促进经济发展的同时，做好传统手工技艺的传承工作。

三、中国手工技艺中工匠精神的传承策略

（一）与高职美术课堂紧密结合，激发学生的兴趣

在高职美术的教学过程中，传统手工技艺作为一项重要的内容，需要教师给予足够的重视，并且积极地将美术课堂的艺术性、文化性和科学性等特质与中国手工艺完美结合，提升学生对中国传统手工技艺的兴趣。具体而言，为了使学生对一项传统手工技艺加以了解并主动探索，教师可以通过录像等手段，将一项手工技艺的操作流程完整地展现出来，借助生动化、生活化的氛围，将传统手工技艺的由来与发展进行生动的诠释，逐步借助此项工作的开展提高学生对手工技艺的兴趣。

除此之外，手工艺有显性和隐性的知识构成，除了能看到的手工艺流程等显性知识以外，很多言传身教、耳濡目染、潜移默化的隐性知识则需要在具体的操作、实践过程中去感知和体验。从陌生到熟悉，从熟练到熟能生巧，是一个不断积累的学习过程。这就意味着，在开展高职美术教学过程中，教师要注重组织实践活动，让学生亲身感受一项手工技艺的应用过程，如剪窗花、做泥塑、做漆艺等，让年轻一代在快节奏的现代都市文明的背景下，感受农耕文明背景下高耗时的传统手工艺制作过程，并且借助相关视频的播放，进一步感受工匠精神，鼓励学生进行实践，身体力行地做好中国传统手工艺的传承工作。

（二）与当代生活实际紧密结合，体现手工技艺的价值

中国手工技艺传承面临的问题之一是逐渐与当代生活脱节，失去原本

的价值。为了更好地进行中国传统手工技艺的传承，进一步体现手工技艺的价值，要依据手工技艺的特性进行分类生产，对于制作工艺较为简单、材料容易得到的工艺类别，如编织工艺，可大规模、批量化生产；对于制作工艺较为复杂，材料不容易得到的工艺类别，如漆器、木雕等，应当格外注重质量，保持手工艺品的纯粹，借助小规模、高质量的生产方式，保证传统工艺的核心价值，并在此基础上采取有效策略，保障与此相关的市场正常运行；对于与现代生活联系紧密的，标准化、流水化生产的手工艺品，更应当参考人的生活习惯及兴趣爱好等，在保障其基本功能的同时，提高审美价值，为当下生活提供更多乐趣。在传统技艺与现代风格相结合的过程中，应找到最佳结合点，进而获取更大的市场，实现可持续发展，进一步体现手工技艺的当代价值，做好手工技艺的传承工作。

（三）与现代信息技术有机结合，焕发手工技艺的活力

在现代信息技术高速发展的背景下，为了做好传统手工技艺的传承与创新，可以在开展相关手工技艺课程的过程中，与现代信息技术有机结合，在体现工匠精神的前提下，焕发手工技艺的活力。例如，将传统刺绣工艺与流水化、专业化的机器刺绣巧妙地结合起来，不仅保持了手工刺绣的原创性，而且提高了生产效率。如今，机绣是刺绣行业中比较常见的一种生产形式，在对传统样式复制和重复生产的基础上，积极地将传统与现代、手工与科技结合起来，设计出更多新颖的样式。用电脑设置复杂的花纹，借助电脑的制版优势，将手工刺绣与电脑刺绣相结合，提升刺绣效率的同时，也可以有效地促进手工技艺的革新，为当下传统技艺注入了新的活力，有着更广阔的应用空间。借助此项工作的开展，从形态各样的家居抱枕，到酒店用品的装饰，

都逐渐营造出一种传统文化的氛围，同时也激发出人们的审美认同和文化感知。传统技艺的生产与创新，让我们看到传统文化也在焕发新的活力。

中国是个传统的农业大国，农村是传统手工艺的主要发源地。在倡导工匠精神的社会背景下，传统手工技艺的传承，不仅涉及非遗的保护，更涉及乡土文化的传承。因此，在当下高职美术课堂上，更应当站在全局的角度看问题，逐步提升学生对中国传统手工技艺的了解和兴趣，使学生主动参与到中国手工技艺的传承与发展中来，更为清晰地了解与学习中国当代手工技艺中的工匠精神，做好手工技艺的传承与发展工作。

第五节　墨子工匠精神的职业教育思想传承

墨子"兼相爱，交相利"的"兴利除弊"思想既是其政治思想和哲学思想的核心内容，也是其职业教育思想的总方针。墨子的职业教育思想从教学方法、教学原则、人才培养目标等方面都体现了"兴利除弊"的最终目标。教师可以据此传承"分类教学""因材施教""知行合一""量力而行"等思想，优化现代职业教育的教学方法，完善办学目标，强化技能实践教学，提高学生的人文素养，培养学生的工匠精神。

春秋战国时期，墨子聚"农与工肆之人"为徒，创工读私学，教弟子生产技术、科学技巧和治国思想，开创了中国职业教育的先河。"先秦唯墨子颇治科学"。推广、研究墨子学说，不断挖掘墨子的职业教育思想和科学人文思想，可以推动现代职业教育和科学技术的发展。结合新时代经济、文化、科学的发展实际，积极响应国家号召，倡导科学与工匠精神的结合，弘扬墨子文化实现新时代创新，为中国培养出符合时代要求的、具有时代精神的大国工匠，具有十分重要的现实意义。

一、墨子工匠精神中职业教育思想的内涵

墨子"兼爱"核心价值观融入当代职业教育，充分体现了"以民为本"的民本思想。注重"寓爱于教"的价值观教育，践行"知行合一""以力从事"的教育理念、"学以致用"的教育准则、"分类教学""因材施教"的教育方法，有利于完善当前的职业教育。墨子的职业教育观虽然历经了2300多年，但对我国当前的职业教育仍然具有积极的借鉴作用。借古鉴今，认同、传承并倡导、践行墨子"厚乎德行、辩乎言谈、博乎道术"的教育思想，注重人文思想和技术技能教育，有利于把学生培养成品德高尚、举止高雅、素质良好，精通事物规律、熟练技术技能的工匠型高素质人才。

二、墨子工匠精神中职业教育思想的传承

基于新时代教育发展要求，职业院校要转变教育观念，准确定位人才培养目标，着眼于学生的全面发展，注重文化素养、职业精神和技术技能培养，传承墨子工匠精神的教育思想精髓，不忘初心，面向未来，结合新的时代条件，推动我国职业教育的稳定、健康发展。

传承墨子科学创新的发展思想。培养工匠精神离不开职业教育的发展。职业教育是科学的、实践的技术性教育。墨子在其一生的学习、劳动、教育、发明过程中，重视科学实践和分析，善于归纳、总结实践经验，创新地形成了数学、力学、机械、光学等科学的教育理论，为职业教育的发展和系统化研究奠定了基础。传承墨子的科学发展与创新发展思想，立足教育和科学的社会实践，有利于培养师生重视实践和创新的教学理念。在职业教育工匠技

能和工匠素养的提升实践及研究过程中，结合时代发展的需要，提倡职业教育目标、方式方法和管理育人的理念创新，提升职业院校的服务能力，促进职业教育的科学发展和创新。

传承墨子"兼爱"的社会价值观，培养学生博爱的思想和观念。工匠精神包含着团结与助人的博爱胸怀。墨子"兼爱"思想是无等级、无差的爱。"偏去也者，兼之体也"。"兼爱"体现的是人人平等。职业教育要培养学生在社会生活实践中学会"仁爱"他人，养成"兼爱"的行为习惯，平等地看待体力劳动工作岗位和脑力劳动工作岗位。在实习或就业过程中，既要重视脑力劳动，也要重视体力劳动。在职业规划和个人发展过程中，学会善待技术工人，提高他们的工资待遇，改善他们的工作环境。通过"兼爱"思想传承，培养充满爱心、忠于国家和民族的青年工匠。

传承墨子"以人为本"的教育方法。工匠精神包含厚实的职业素养，体现为爱岗敬业和勤劳节俭。墨子"兼相爱，交相利"的社会理想决定了墨家的教育目的是培养"兼士"，通过"兼士"去实现仁政德治。"厚乎德行""辩乎言谈""博乎道术"是墨子培养"兼士"的具体标准。当前，我国职业教育的目标是培养德智体美劳全面发展的社会主义建设者和接班人。职业教育要以人为本，在教学方法上采用分类教学，培养新时代具有良好个人品德、职业道德和社会公德，文化素养丰实、技术技能扎实的新时代人才。实施人文道德品质传承教育和职业文化素养教育等都是当前职业教育的重要内容。

传承墨子"强行说教"和"因材施教"的教育原则，实现学生的个性发展和全面发展。工匠精神的培养需要教师将"强行"施教和"量力"施教相结合。墨子倡导实行主动教学，实现"叩则鸣，不扣必鸣"；主张"未知者比量其力所能至而从事焉"，提倡"使能谈辨者谈辩，能说书者说书，能从事者从事"和"凡天下群百工，轮车、鞼匏、陶冶、梓匠，使各从事其所能"。"强行"施教和"量力"施教对学生的全面发展和个性发展具有指导意义。职业院校的教师采取积极主动的教学态度，充满"兼爱"的热情，营造良好的教学氛围，有利于缓解学生的自卑心态和厌学情绪，培养学生的兴趣爱好，实现学生的持续发展。

传承墨子"知行合一"的哲学方法。工匠精神的培养离不开实践的锻炼。墨子注重科学实践和社会实践，倡导理论与实践相结合。践行"士虽有学，而行为本焉"，强调学以致用、诚信守业、执着专注，主张"志不强者智不达；言不信者行不果"。根据新旧动能转换和社会生产力的发展要求，职业院校要合理设置职业教育理论、实习和实训的课程比例，加强学生的动手能力训练。把所学技术知识、人文知识以及道德知识等运用到社会实践和科学实验、顶岗实习的具体过程中，帮助学生逐步学会为社会创造财富，培养学生的工匠精神。

墨子优秀的职业教育思想和工匠精神是中华民族传统文化精华的重要组成部分。新时代的职业人文素质教育和工匠精神的培养离不开职业教育，特别是高职院校，作为传承中华优秀传统文化的重要阵地，应该在各类人才培养目标的修订、完善和人才培养过程中，加大墨子思想的传承研究和实践，培养学生精益求精的工匠精神。弘扬墨子的职业教育思想，针对职业教育过程和教育目标的不足，实施课程改革，更新教育教学理念，促进高职院校学生人文精神和职业精神的培养。

第四章 工匠精神的基本模式

第一节 基于工匠精神的大学生就业
指导模式

大学生就业指导教育属于一种职业教育，主要围绕就业问题展开，其目的是培养精通生产、运营以及管理等多方面的专业技术型人才。职业素质主要体现在两个方面，一是职业技能，二是职业精神。职业精神指以职业理性认知为前提而形成的价值取向和外在表现，其组成包括理想、信念、态度以及品质等要素。国内高校通常都倾向培养学生的职业技能。工匠精神指的是工作者对待职业所采取的态度，工匠精神包含在职业精神的范畴内。将大学生的教育工作和工匠精神进行融合，不仅满足了社会发展的要求，而且还促进了学生的发展，提高了学生的综合能力和素质，可以为学生将来的就业打下坚实的基础。

一、就业指导教育中培养大学生工匠精神的可行性

工匠精神对高校的人才培养起着积极作用。首先，高校应明确人才的培养方向；其次，通过多种方法，整合学校有效的教育资源并合理安排，有目

的地去培养学生的工匠精神。

（一）以互联网为载体，加大对工匠精神的宣传力度

加大关于工匠精神的内容在职业规划、就业指导类教材中的比重。制定专题教材，将工匠的职业理论、职业发展等作为研究内容，为学校及就业培训机构提供教学和指导资源。对工匠精神的宣传方式不应限于传统媒介，还要开发、利用新媒体的力量，借助"互联网+"快捷、高效地推广工匠精神，扩大工匠精神的影响力。

（二）就业、创业教育是培养学生工匠精神的主阵地

学校应因材施教，根据学生自身的特点来选择适合学生的教学方法，根据人才培养目标拓宽工匠精神的内涵，充分发挥工匠精神对大学生就业的指导和培育作用，让学生深刻理解工匠精神的本质，了解工匠精神的社会价值和教育意义，养成重视实践的工作态度，有助于学生职业素养的提升，让学生在学习专业知识和技能的同时，理解并掌握工匠精神的精髓，并付诸行动，去影响他人。

（三）专业实训是培养学生工匠精神的重要途径

《教育部等部门关于进一步加强高校实践育人工作的指导意见》充分说明了专业实训对人才培养的重要性。创新人才培养的方法，强化专业实训的实操性，模拟真实的工作场景，使学生在实践的过程中体验他们将来可能从事的工作，让学生为可能面临的困难和挑战做好准备，感受工匠精神的实质和作用，促使形成较高的职业素养。

（四）双元制、双导师制是培养工匠精神的重要手段

传统的师徒制教育模式有利有弊，利是注重参与和实践，弊是经验缺乏以及与外界沟通不足。双元制指的是要求参加培训的人员都必须经过学校和企业或事业单位等两个不同场所的培训。一元即指职业学校，其主要负责给学生传授专业技能知识，另一元即指校外实践场所，其主要负责给学生传授进入企业应该具备的职业技能。而双导师制，则是指既有校内专业知识基础课的教师，又有社会企业或事业单位的指导教师。

（五）将工匠精神规范化、具体化

要始终保持刚接触这个行业时的那份热情和对自己的高标准和严要求，应在工作的细节中强化工匠精神理念。

二、工匠精神引领下高校大学生就业指导模式创新路径的构建

（一）深化教学改革，完善就业指导课程体系

中国要想实现在 2025 年完成由制造大国向制造强国转变的梦想，需要全体人民的共同努力。尤其是高校作为培养高素质人才的主力军，更应担负起时代赋予的使命，勇于站在培养人才的前沿，积极地开展创新活动，加强对工匠精神的研究，从而实现工匠精神与高职教育的有效融合。为达到更好的教学效果，可以从理论知识、综合素质、专业技能三个方面有目的地开设课程，培养拥有高素质工匠精神的学生。

（二）创新教学手段，提高大学生参与就业指导教育的积极性

工匠精神的培养，还需要借助合适的教育平台。就业指导平台的建设需要学校、社会、企业三方的共同努力，通过这个平台来引导高校大学生树立正确的世界观、人生观和价值观。在就业指导平台的建设过程中，可以培养学生的团队协作能力，让学生在专业知识技能和实践教学活动中获得多方面的提升，从而使大学生的职业素养产生质的飞跃。

（三）打造校园文化，提升大学生自身的职业素养

职业素养的形成，是职业技能不断内化和升华的过程，是一个长期行为的养成过程。要想加速职业素养的形成，高校还应该营造一个优质的、以工匠精神为主题的育人环境，打造积极开展职业技能素质教育的育人氛围。校园文化的形成不是一蹴而就的，也不是一劳永逸的，而是随着社会的不断发展随时需要进行完善和调整的，需要顺应时代的需求，将工匠精神的内涵，通过校园文化逐一体现出来，也可以对制度、环境以及精神等多方面进行建设，为学生提供一个有利于培养工匠精神的校园环境。

工匠精神的理念不仅体现在我国高校的教育体系中，而且渗透到了我们日常生活和社会建设的方方面面。因此，大学生工匠精神的培养具有十分重要的作用。我们要加大对学生工匠精神的培养力度，提高对工匠精神的重视程度，积极地开展就业指导模式的探索，让学生深刻理解工匠精神的内涵，并将这种精神更好地融入教学课堂和校园文化，让学生主动追求工匠精神，将大学生培育成兢兢业业、追求真理、不忘初心、不断创新、心怀感恩、坚毅进取的创新型人才。

三、工匠精神融入高校艺术设计产品创新型人才培养模式的价值

2016 的《政府工作报告》中指出，要鼓励企业开展个性化定制、柔性化生产，培养精益求精的工匠精神，赠品种、提品质、创品牌。处于当下市场竞争激烈、文化创意产业快速发展的时代中，要想使工匠精神融入高校艺术设计专业，创新型人才的培养已经是高校教育的主要任务之一。

（一）创新型人才的培养是当今教育发展的重要　趋势

艺术设计在专业性方面可以统一概括为创造与实践活动并重的应用型学科，艺术设计创新型人才是艺术设计专业适应社会发展规律、满足社会发展需求的必然选择。据教育部公布的数据显示，2018 年，全国共有普通高校 2663 所（含独立学院 265 所），比上一年增加 26 所。各种形式的高等教育在线总规模为 3833 万人。这预示着 2019 年，毕业生总量激增，就业形势严峻，要想使毕业生在纷繁多变的现代社会中拥有自己的一席之地，就必须培养学生的专业创新能力。随着社会的发展，包含工匠精神的创新型专业俨然成为新时代提升国家竞争力的重要支柱产业，就中国的社会发展来看，随着市场经济转型的需要，文化产业对经济的推动作用将越来越显著，艺术设计专业人才是其中不可或缺的重要方面。

（二）突出创新在人才培养体系中的核心作用

新时代艺术设计人才创新培养模式可以简单地概括为牢固基础、加强实践、培养能力、全面创新。专业知识是创新型人才的基础，加强实践是培养创新型人才的保证，培养能力是创新型人才的目的所在，全面创新是全国

高校要达到的整体目标，进一步显现了创新在人才培养体系中的根本作用。艺术设计专业创新型人才培养模式的改革，应该重新审视现阶段的艺术设计教学体系，教学体系应"以人为本"，以学生为体系的发展中心，目的在于培养学生的专业能力、实践能力和创新能力。其中"创新"与"崭新"是最主要的特征，要践行崭新的创新型人才发展模式。创新的根本在于素质教育，社会的激烈竞争实际上就是人才的竞争，艺术设计专业的学生往往思维敏捷，综合能力显现出特殊性和差异性的特点。在艺术设计创新型人才培养模式中，转变传统的教育观念与教育方法，探索出创新型人才的培养途径，对社会发展具有重要的现实意义。

（三）培养艺术设计专业学生树立正确的价值观

培养艺术设计专业学生树立正确的价值观，有利于落实五大发展理念，即创新、协调、绿色、开放、共享。在读高校学生，正处于树立工匠精神的关键时期，此阶段学生的思维判断能力开始逐渐走向成熟，对各种事物的观察和体会都有了独立的见解，因此，工匠精神理念的传达就变得十分必要。长期以来，文化课成绩是中国艺术设计专业学生的软肋，文化知识体系有所缺失，设计创作思路贫瘠，加上高校对工匠精神教育理念存在误解和忽视，学生就容易出现以下三种问题：第一，艺术设计专业大学生与社会的接触比其他专业频繁，容易受到多元文化、价值观的影响，无心深入钻研专业知识；第二，自我约束能力较差，部分学生无法按照要求及时完成课堂任务，不能很好地控制、管理自己的情绪，很难抵挡外界的诱惑；第三，就业前景渺茫，导致艺术设计专业大学生对未来目标和自身定位的认知模糊，消极态度较为明显，心理落差未及时得到解决，对专业的热情较低。工匠精神理念在当前是最为宝贵的财富，在高质量、高要求、创新型发展社会中的重要性逐渐上升，应深化教学的内涵建设，提升创新型人才的培养质量。

四、工匠精神融入高校艺术设计专业创新型人才培养模式的现状

工匠精神融入高校艺术设计专业创新型人才培养模式并不是一蹴而就的，而是一个长期的、连续的过程，其本质在于引导艺术设计专业大学生将专业知识与工匠精神的"知、情、意、行"相结合。在工匠精神理念中，知是情的基础，也是行的先导，行是知的目的。近年来，高校对大学生的培养主要集中在以思想道德、价值观、人生理想等意识层面为具体目标的教育工作上，已经取得了明显成效。大学生自身具备良好的价值观、文化素养、精神品格等，高校对创新型人才的培养模式也呈现出了良好的发展态势，但部分艺术设计专业学生仍然对工匠精神的内涵认识比较模糊，学习态度上表现为责任意识较弱；学习能力上表现为设计能力发挥不足，内在驱动力匮乏；人生理想上表现为价值观念不成熟、奋斗目标不明确等。

（一）工匠精神的融入使课堂教学充满活力

艺术设计课堂教学应融入工匠精神的教育理念。"工匠"自身的其特点，工匠一生热爱自身从事的工作，有足够的耐心。而现如今，艺术设计课堂教学过程中仅注重专业知识与技能的培训，却忽略了最为重要的方面。将工匠精神融入艺术设计专业的教学课程，对大学生来说是特别的学习体验，是激励学生不断充实专业知识，完成学业目标的基础性教育；将工匠精神融入艺术设计的课堂教学有利于帮助大学生强化对工匠精神实质的领会。大学生

对社会的理解和主动接受专业知识的传授在很大程度上取决于课堂教育。因此，将工匠精神融入艺术设计专业大学生的必修课，正确引导大学生树立正确的人生观和价值观，有利于大学生在职业规划中明确自身的社会定位，找准人生的奋斗目标。

　　课堂教学在高校教育体系中扮演着极为重要的角色，注重艺术设计专业大学生专业技能的培养，为其进入社会寻找工作提供支撑。就目前的情况而言，一些高校艺术设计专业对学生的工匠精神培养力度还远远不够，其设计的教学内容、实训和成果转化等都存在滞缓性。部分综合性高校艺术设计专业的教学设施未及时得到更新，甚至出现专业设备短缺的情况，艺术设计专业对实践性、技能性的要求较强，在教学设备、艺术设施等短缺的情况下，学生的专业素养得不到良好的培养，就会存在专业理论知识欠缺、技术水平不均衡的现象。另外，有些艺术设计专业的课堂教学并没有与社会实践很好地融合，这与创新型人才培养模式的发展路径不符，课堂教学中学到的专业知识有助于为社会实践提供理论性的支撑，有效运用新思维、新方法指导实践，要通过社会活动来培养工匠精神。社会实践有助于进一步巩固专业知识，二者相辅相成、相互统一。传统的教学观念对艺术设计专业教学也有着极大的影响，不同的观念使人们对艺术设计的态度不同，例如，西方国家的学生更热爱艺术设计专业，他们将艺术当作一种职业，更加专注。反观中国，大部分人至今还认为艺术是一门副业，这些传统思想制约着艺术设计专业学生的价值观念，那些敢于创新的自由思维受到固有观念的限制，导致学生发挥不出最大的潜能。工匠精神知识信息的获取渠道广泛，具有重要的学习价值，高校要积极营造工匠精神的学习环境，构建工匠精神融入艺术设计创新型人才培养模式的新方法，不断探索高质量、有成效的新型人才培养模式，引导艺术设计类专业大学生成为具备工匠精神且具有崇高理想和职业素养的人才。

（二）工匠精神的培养可以充分发挥实践活动的高效性

艺术设计类专业教学的课程设置在培养大学生的主观能动性、把握事物发展的客观规律等方面还有待完善。艺术设计类的专业课教学至关重要，学生要掌握所有相关的专业知识和基本技能才能为社会实践打下良好的基础，专业理论知识教学对学生创新能力和人文素质的培养具有重要意义，但是，部分艺术设计专业学生的定力不足，而且教师在授课过程中对相关理论内容的讲解不够深入，或者偏重技术方法的传授，缺乏激励的措施来宣传工匠精神的教育理念，影响了学生学习专业知识的积极性，课堂教学互动探讨很难取得目标效果，降低了艺术设计专业学生实践技能发挥的有效性。

社会实践是增强艺术设计专业学生创新性的必要手段，艺术设计专业学生要想真正融入社会实践，亲身感受活动带来的特别体验，就要不断磨炼和提升自身的技术水平，通过实践获取真知。现阶段，艺术设计专业在培养大学生价值观等方面不够重视，导致学生对世界的看法过于感性，将理想停留在自身的感情认同上。如果大学生在进行社会实践的过程中自主思辨和反思能力不足，盲目行事，解决问题的方式和思路不对，对待学习和工作的态度较为浮躁，把实践当成一种娱乐活动，仅抱有三分钟热度，不能长久地坚持，缺乏专注力和持久力，长期以来，就会形成惯性思维，组织执行能力较为薄弱，很难高质量、高效率、高标准地完成各项活动。艺术设计专业学生的教学质量管理保障与监控体系仍然存在问题，缺乏科学有效的教学评价机制，导致创新型人才培养的目标定位和构建模式产生同质化，有悖于工匠精神的本质。

（三）工匠精神的培养应该具备高水平的师资队伍

具备高水平的师资队伍是培养工匠精神的关键，在调查过程中，笔者发现部分高校艺术设计专业师资队伍建设起步较晚，虽然发展较为成熟和稳定，但也存在一些亟待解决的问题：一是专业教学梯队水平差异化明显，教师的专业技能和实践教学能力不平衡，不能及时适应培养应用型、技术技能型人才的需要。二是教师队伍建设还需要进一步加强管理，有些高校对教师培训不够重视，导致重生轻师。三是受当前国内外形势变化、社会多元价值的冲击，过于产业化的教育模式，使教师不可避免地产生职业倦怠感，容易陷入物质化的怪圈，不利于学生文化素质和思想水平的培养。作为教育者，教师是学生成长的思想引路人，承担着培养学生工匠精神的责任与义务，必然会给学生带来最深刻的直接影响。各类学科均与工匠精神理念相关，育人者应先自育，学校应高度重视师德师风建设，坚守初心，弘扬工匠精神，让教师对学生的综合素质教育起到示范性作用。

（四）工匠精神理念的传达应加强社会的导向作用

在一定程度上说，社会环境并不是创新型人才培养模式的决定性因素，但对大学生的文化认知、人文素养、心志磨炼等有直接影响。社会环境体现在国家政策、经济态势、社会文化氛围、精神宣传效应等方面。不同的观念导致各个国家、各个地区对未来职位和就业方向的态度各不相同。部分高校艺术设计类专业的社会实践形式主要有两种：第一种是在校园中完成创作实践作业。科学技术不断推陈出新，对艺术设计类专业学习、艺术创作的要求增加，但高校配置的教学方式、教学设施、实践环境已无法满足学生的学习需求。第二种是在课堂教学之外完成教学任务，学生们可以到地方企业进行短期实习，但企业很难做到对学生进行一对一的指导，导致学生往往沦为廉价的劳动力。可见，工匠精神理念对提高学生在社会实践活动中的向心力、理解力、创造力都起着重要作用。

五、工匠精神融入高校艺术设计专业创新型人才培养模式的对策

（一）提高学生对工匠精神的认识，内化学生的自我需求，强化实践教学

笔者认为，对工匠精神的理解不能独立于艺术设计专业之外，无论哪个专业，都可以与工匠精神相融合。将工匠精神融入高校艺术设计创新型人才培养模式需要从工匠精神的内涵出发，引导艺术设计类专业学生树立高尚的道德品质，建立新型学徒制，充分发挥思想政治理论教学的引领作用，加强教学实践。

首先，树立高尚的道德品质，建立新型学徒制。工匠精神的内涵实质是不忘初心、追求革新、精益求精，通过对未来职业的向往和热爱，做到自律、自省、严肃、恭敬，促成良好职业精神和品质的形成。由于艺术设计专业的特殊性，其工作往往是通过自身的灵感和反复试验来完成的，艺术设计专业学生要秉持尽职尽责、认真学习的态度，坚守执著的信念。此外，高校应积极建立新型"学徒制"，按照国家对技能型人才最新的培养要求，学徒制也是艺术设计人才创新能力培养的重要方式。学徒制不同于传统的课堂教学，可以推动高校教学模式由校内向校外转变：一是学生角色定位的转变，由学

生变为学徒；二是学习地点并不拘泥于校内，校内校外都可取得实践成效，能够使学生进入生产第一线顺利学习所需的内容；三是学习方式的转变，由固定的理论知识学习转变为"工学结合"；四是学生成绩的考核更加多样化，以往成绩的考核仅以期末考试和课堂表现为评定标准，如今逐渐转为校企双制、"导师+师傅"的综合评定。学徒制可以帮助学生提高自身素质和艺术修养，为艺术设计专业学生工匠精神的培养过程中发挥了桥梁作用。

其次，充分发挥思想政治理论教学的引领作用，引导学生认清当前社会的发展形势，将个人理想与中国社会主义现代化建设有机结合起来。为深化和完善艺术设计专业的教学工作和内容，高校应定期对任课教师、辅导员等与学生进行直接沟通的教职人员进行思想政治理论再培训。在进行专业培训的同时，要与市场相联系，以满足广大群众的审美需求和物质需求为准则，开设与工匠精神相关的课程内容。可以说，思想政治的课堂教学与工匠精神理念融合的方式，能够将工匠精神与艺术设计专业创新型人才培养模式落实到实处。加强院系内各部门之间的沟通，共同面对、及时解决人才培养模式实施过程中遇到的问题，提升艺术设计专业学生的职业素养与职业品德，使学生在学习专业理论知识的基础上形成恪守职责、兢兢业业的优秀品质。

（二）优化校内外的教育环境，强化师资队伍建设，加强校企合作

校内外环境是提高学生综合能力的重要方面，完整的配套教学计划和实习基地教学环境为学生创新能力的增长奠定了基础。高素质、高水平的教师能够大大提高学生的专业技能和实践能力。校企协同创新、协同育人是艺术设计专业创新型人才培养模式的主要形式，是提高学生创新能力的主要

途径。

　　首先，学校是培养人才的主要场所，高校要坚持拓展学生的素质教育并且不断丰富教学的方式和内容，将校园生活与工匠精神充分结合，根据学校自身的特色，多安排实地考察，让学生在校园中能够感受到良好的人文氛围。要营造良好的校园文化环境，应学习和了解名人学者的事迹，充分领悟其精神特质，或者适时运用警世恒言帮助师生树立良好的价值观。学校应坚持用高尚的校园文化加强对工匠精神的培养，潜移默化地影响师生的行为，不断激发学生的创新意识，帮助学生迈向更高的精神境界。学生树立正确的价值观对社会发展具有十分重要的作用，工匠精神是评判学生综合素质的指标，需要全社会的普遍认同。因此，加大政策宣传力度，运用多媒体、大数据等技术手段，加强监督，营造尊重劳动的社会氛围，实现工匠精神的传承。

　　其次，工匠精神的培养不仅要让学生具备高超的技艺，还要具有一定的理论基础和科研能力。高校艺术专业创新型人才的培养应强化师资队伍建设，注重教育教学能力和工作经验兼备的"双师双能型"教师队伍的培训，帮助教师感悟终身教育的理念，安排教师去企业进行培训和调研，让教师有更多的机会深入实际，在为企业进行技术指导的同时能够学习技术，丰富自身的经验和知识，也能够更好地把知识传授给学生。教师在教学过程中要注重课程的实用性，以构建理论内容为基础，适当地增添实践训练教学课程的比例，保证学生有充足的时间和精力将所学理论知识应用到实践当中。授课教师还应该多了解实际，积累相关资料，且具备丰富的教学经验以及专业的教学素养，能够根据教学进度选取适当的题材进行教学辅助，以实际经验为中心，突出实践能力在教学过程中的重要性。高校还应完善师资培训制度，加大人才引进与资金、技术的投入力度，为引进高质量人才提供物质支持和保障；继续完善专业教师的评价标准，多方面、多角度地判定教师的专业水平和授课能力。

最后，就目前而言，虽然部分高校已经建立了仿真模拟生产基地和教学实习基地等，但因其虚拟化的场景与实际操作有较大差别，学生在心理上会认为是学校虚拟化的场景而没有必要投入太多精力，所以要想让学生用心学习，体会工匠精神的真正内涵，就需要让学生深入到社会企业中进行训练，将工匠精神与产学融合、协同创新型人才培养科学有效地结合起来，实现政府、学校、企业、社会的多方联动和互动共赢。

（三）以实践活动为平台，转变教学观念，促进工匠精神的培养

"实践是检验真理的唯一标准。"工匠精神融入艺术设计创新型人才培养模式需要通过实践来完成。实践活动能够培养高校学生的综合素质、创新能力以及严谨耐心、专注细节、乐观向上的生活态度，将其外化于行动中，真正实现"知行合一"的教育目标，让学生进一步践行工匠精神。

首先，多途径创设社会实践渠道。高校管理层应有效安排学生进入重点单位实习，让学生快速适应实践进程，有利于学生创新意识、人格本位的塑造。教师可以指导学生参与管理院系的相关工作，如班级组织的校外活动、学校规章制度的制定等，并且定期召开多学科、多专业的研讨会，借鉴其他专业的知识经验，进一步培养学生自身的主体意识。高校管理层还可以创造条件，在创设学生社会实践渠道的基础上广泛开展社会服务，鼓励艺术设计专业学生多参加公益事业，进一步培育社会责任感，调动学生参与社会实践的积极性，提高学生的综合能力，在毕业生就业指导中不断发掘毕业生的闪

光点和个性特色,激励毕业生参加国家重点扶持的项目,在国家最需要的地方发挥自身的专业优势。

其次,在课堂教学过程中应尤其注重对艺术设计专业学生专项能力与综合能力的培养。以吉林艺术学院构建的省级人才培养模式为例,学院先后建立了省级艺术设计实验教学中心、省级创新型艺术设计人才培养模式创新实验区,设置创新课程"设计管理",为提高学生的创新实践能力和综合管理能力提供了有力的培育机制,使课堂理论学习与实践课程真正有机地结合起来,彰显了吉艺品牌专业的特色。高校管理方面要注重完善专业的培养规划和制度建设,盘点可以被有效利用的资源,进行资源整合。加强校企合作、产学研结合,创新实训培养模式,增加学生实践机会,用实际成效检验学生的学习效果。

工匠精神的融入为高校艺术设计创新型人才培养模式的发展提供了方向,但仍面临许多挑战,要始终用坚持不懈的决心和毅力来促进艺术设计创新型人才培养模式的稳步发展。高校必须完善构建艺术设计创新型人才培养模式,特别要从当今高校艺术设计类学科的教育环境入手,积极探索、大胆实践,充分借鉴国内外高校的经验,结合本校的实际情况,探寻出符合本校实际的创新型人才培养模式,提高模式的时效性。高校应该以工匠精神引领人才培养,承担社会发展的使命。艺术设计创新型人才培养模式建设永远在路上。

第二节　基于工匠精神的非遗传承人才培养模式

我国拥有大量的非物质文化遗产，非遗是历史发展的见证，它不仅蕴含着不可估量的文化价值，而且对推动社会的可持续发展具有重要意义。由于现代化进程的快速发展以及人们生活方式的改变，非遗的生存环境日益恶化，生存空间日益狭窄，民族记忆逐渐淡化，传统技艺面临失传。

随着社会发展和生活方式的改变，以往"师带徒"的传承方式已不能完全适应传承、保护非遗的需要。将传承人的培养纳入现代教育体系，培养兼具一定理论知识与高超技艺的新时代传承人，是时代发展对非遗人才培养的迫切需求。

工匠精神是一种精神符号，是指工匠不断雕琢自己的产品，不断总结和改进生产工艺，追求卓越、精益求精的精神理念。工匠精神是一种专业精神，是从业者对待职业专注、执着的态度，是职业操守、职业技术能力和职业高尚品质的一种体现。

许多学者侧重对工匠精神的价值研究，缺少对非遗传承人身上工匠精神的探究。非物质文化遗产传承人在认同和传承本民族传统文化时，必须具备和体现工匠所拥有的精神内涵，即爱岗敬业、追求卓越、勤学苦练、敢于创新。这些精神不仅是对传承人的思想引领，也是对职业者的新要求。

一、非遗传承人培养的重要性

（一）非遗传承保护的现实需要

现今，一些传承大师年事已高，部分已经失去传承能力，很多非遗品种濒临消亡。尽管各级政府已经做了大量抢救、保护非遗的工作，成立了专门的组织机构主抓非遗传承，但形势仍不容乐观。

（二）时代发展对非遗人才培养的迫切需要

过去"作坊式"师徒传承、家族传承的模式，受教人数少，周期长，且较为封闭，导致创新性不够，不能适应现今文化传承的需要。随着时代的发展，要想使古老的文明焕发新的活力，培养非遗人才是关键。如何培养非遗传承人是各级政府面临的难题。积极探索政府、学校、企业联合办学机制，开展校企共建、共管、共享，逐渐成为非遗传承保护的重要力量。

（三）坚定文化自信的需要

文化自信是对自身文化价值的充分肯定，是对自身文化生命力的坚定信念。坚定社会主义文化自信，需要有一群思想精深、艺术精湛的高水平创作人才。艺术基金项目要对各类文化艺术专业人才进行培育，以培养熟练文化市场运作、网络文艺作品创作，掌握数字媒体和互联网技术的艺术专业人才为导向，为文化管理、传播等提供了强有力的人才支撑。非遗传承传统文化、本土文化，是对世界文化的贡献。

二、培养非遗传承人存在的问题

招收和选拔非遗传承人存在很多亟待解决的问题。此外，由于非遗本身的性质，无法给传承人在短时期内带来经济效益，因此，大部分大师苦于无徒可授。例如，基层剧团普遍存在队伍老年化、行当不全、表演人才严重缺乏、急需培养人才等问题，而高校艺术专业难以招收到优质生源，学生也苦于得不到大师的系统传授。 非遗传承面临人才断层的局面，主要有以下三个方面的原因：

（一）非遗传承人的学校培养与岗位需要脱节

部分职业院校虽开设了非遗传承专业，但由于人才培养定位模糊、校内师资不足等，与原先开设的艺术课程区别不大。大师没能参与到课堂教学中，调动不了学生的学习兴趣，所学内容脱离非遗实际，学生毕业后很难担当起非遗传承的责任。

（二）非遗项目的教育资源匮乏

一是缺教材，无法根据项目开设相应的课程。很多以传统技艺为主的非遗项目，尤其是口口相传的非遗项目，没有专业的教材，课程的开设缺乏系统性，专业课程多以大师讲座为主；二是师资队伍结构不尽合理，缺少一线大师执教。学校原有的师资队伍更多以理论传播为主，缺乏过硬的专业技能，无法对传承非遗项目作有效的指导。

（三）缺乏与市场接轨的非遗项目教学传承基地

高职院校没有传承实践基地，缺乏与市场的对接，研发成果无法得到转化，师生得不到锻炼，学科得不到发展，非遗专业的开设很难得到良性拓展。

三、非遗传承人才的培养模式

（一）非遗教育的多元模式

（1）校企合作，对非遗传承和职业教育模式都是一种新探索。学校抓住全国上下重视非遗传承的机遇，"订单式"培养非遗传承人。首先，校企联合招生，确保生源质量；其次，校企联合培养，共同制定人才培养方案，确立教学大纲。

（2）非遗大师与学校教室相结合的"双导师制"模式。根据企业对人才的不同需求，围绕人才培养的技能标准，以班级为单位整体设计人才需求培养方案，实现学校招生与企业招工同步、实习与就业联体的培养模式。

（3）依托政府政策，对现有非遗传承人进行集中培训。利用艺术基金的资助，整合多方资源，开设非遗人才培训课程，培训对象来自不同单位，有学校教师，有非遗从业者，学生不仅收获了大师的传授，而且可以通过该平台进行深度交流。

（二）教学模式

将非遗项目化教学贯穿始终，让学生从认识非遗开始，逐步掌握技能，成为一名合格甚至优秀的非遗传承人。

理论教学将理论模块和专家讲座相结合，教师应讲授设计理念，了解国际设计的潮流，在理解非遗文化价值内涵的同时善于运用传统文化的元素；不能简单地叠加知识，而是要以培养具有现代思维的非遗传承人为目标，让非遗传承人将传统的技艺和现代化的科技手段相结合，创造出具有实用性、时代感的产品，将非遗技艺进行创造性的传承和发展。

（三）师资模式

企业指派专业人员直接参与学校的专业课堂教学，非遗大师走进学校亲自给学生授课。通过企业与学校的深度合作以及大师与教师的联合传授，将现代师徒模式全面融入非遗人才培养的过程中，促进专业知识传授与实践的紧密衔接，为培养优秀的非遗人才提供有力支撑。

（四）课程设置模式

在课程开设上，根据人才培养要求，设立课程体系。将项目化实践与传承结合起来，围绕职业岗位标准开展实践教学内容；将非遗项目化教学作为专业教学的主线，培养具有非遗技艺与创新意识的高素质专业人才。

（五）质量监控模式

学校设立专门的督导部门，联合教务部门、专业科室从专业教师的教学、专业学生的学习和用人单位的评价等方面进行多维度、全方位的监督与评价。

实行教考分离制度，通过外请行业专家的方式组织学生进行专业考核，由专家为学生进行专业评分，通过这种方式检验教师的教学成果，可以对教师的教学质量起到更有力的监督和考核作用。在教师培训过程中，请行业专家到现场进行听课、座谈和点评，对教师的教学给出合理化的建议，进行全程监控。培训结束后，专家通过观看教学视频，检验教学成果，评价教学质量，考核学生对所学内容的掌握情况。

要让非遗传承人认识和理解非遗的价值、内涵和精髓，发扬工匠精神，不能固守传统，要有创新思维，紧跟时代步伐，结合当下潮流，构建非遗人才培养的新模式。

第三节　基于工匠精神的教学模式

一、"双创"课程教学模式

工匠精神与"双创"人才培养相辅相成。产品上独具匠心、质量上精益求精、技艺上追求卓越是培养高职院校学生职业能力的要求；而工匠精神所强调的对职业的认同、对品牌的坚守又恰巧是培养高职院校学生职业道德的要求。

（一）对高职院校学生工匠精神的培养意识不足

工匠精神是对工作的一种极度热爱，是一种执着的、精益求精的工作态度，对工作的严谨追求促使工匠们发自内心地不断完善和改进。对高职学生而言，他们虽然对工匠精神的价值体系有所理解，但仍需要有更深层次的感悟。

（二）工匠精神与双创课程建设的有效策略

1．创新文化建设

高职院校从学校文化建设着手，发挥自身的教育优势，开展工匠精神文化建设，培养学生的创新意识，可以通过以下两个途径：一是开展廊道文化建设。在廊道中放置一些传统工匠们的照片和故事，让学生感受大师的魅力，在无形中获得意识提醒。二是提高文化建设的先进性。在不同的时代，对工匠精神的文化建设也需要具有时代性。要牢牢把握新时代的社会发展趋势，深化学生对工匠精神的理解，强化学生创新意识的培养，增强校园文化建设，多维度、多形式地开展校园文化活动，调动学生的创新积极性。

2. 创新教师队伍

作为一名新时代高职教师，不仅要有较强的专业素质，还要有一颗锐意进取的心。培养工匠精神不是一纸空淡，也不是挂在嘴边的口号，教师在日常工作中严谨、认真的教学态度是培育学生工匠精神的有效途径，通过教师的工作态度，让学生潜移默化地受到工匠精神的熏陶。教师在专业教学中融入工匠的创新思想，使专业教学结合社会发展的新形势和新特征，运用新技术、新思维开创新的教学形式，结合专业人才培养目标，鼓励学生表现自己，有利于提升高职院校学生的创新能力。

3. 创新宣传途径

宣传工匠精神，具体可以通过以下两种方式：一是学校将优秀的工匠请进课堂，开展技能展示活动. 让学生真正感受大师的风采，体会大师的工作作风，为学生成为工匠提供可模仿的对象。二是建立工匠储备库。鼓励工匠单独带学生，但人数要有所限制，以工匠"手把手"教学为主，让学生珍惜难得的学习机会，体会独立工作的乐趣，明确未来的职业发展方向，通过工匠本身鲜活的例子指导学生钻研专业，引导学生崇尚工匠精神，促进学生积极向工匠靠拢，向大师学习。

工匠凭借自己卓越的技艺，不仅得到了社会的认可，而且成为被广泛崇拜的对象。实现"中国智造"，少不了高技能人才的参与。高校是高技能人才的输出地，承载着人才输出的重要使命，加强学生工匠精神与创新意识的培养，是实现"中国智造"的重要条件。

二、"三单一课"教学模式

在教学过程中，教师也需要培养工匠精神，像工匠一样去教学，像工匠一样去做学问，把工匠精神同"三单一课"的教学模式结合起来，开拓进取、不断进步。

（一）"三单一课"教学模式的基本理念

"三单一课"是教学中常用的教学方法，它是多种教学方法的综合性应用。其中，"三单"是指课前预习单、课上活动单、课堂检测单，"一课"指的则是"微课"，即借助"微课"辅助教学。"三单一课"的教学模式框架完整、逻辑清晰、分配科学，将其合理地贯穿到我们的课堂教学，有助于课堂建设更加科学、合理、高效。

（二）"三单一课"教学模式在教学中的应用

1. 做好课前预习单

《礼记·中庸》有云："凡事预则立，不预则废。"由此可见，预习不仅是我们学习中的重要环节，也是我们做事情的基础。在教学中开展"三单一课"教学模式，就要具备工匠精神，并把这种工匠精神落实到教学的课前预习阶段。

例如，在上课之前，我们可以先给学生布置预习任务，让学生结合预习的目标要求和问题要求，自己在课下时间进行预习，看看自己对这节课的内容有哪些地方是能搞明白的，哪些地方是有疑问的，然后把这些有问题的地方标记出来。教师应鼓励学生通过上网查阅资料或询问他人等方式自行解决，把实在解决不了的问题记录下来并带到课堂上，根据老师的课堂讲解来解决。

2．丰富课上活动单

教师要把握好有限的课堂时间，充分利用各种教学资源，使其发挥出最大的作用，提高课堂的教学效率。基于工匠精神的教学，要本着尽职尽责的态度、精益求精的精神，在教学的实践中探索出结合学生发展实际的、有效的、科学的教学方式，丰富课上活动单。

例如，在课堂的教学活动中，我们可以综合选用探究式教学、多媒体教学和互联网教学等多种教学手段来辅助教学。在对具体内容的学习过程中，我们可以适当地根据学习内容来确立学习的目标和任务，把全班学生划分为几个相对独立的学习小组。在对学生进行分组后，让学生在学习任务的指引下进行自主学习和研究。在这一教学活动的开展过程中，学生不仅参与了知识的学习和探索过程，而且能够在这一过程中锻炼自己的合作能力、表达交流能力、思维逻辑能力和集体意识等，还可以学会怎样与他人相处，怎样正确地表达自己的观点，在不同角度的思维碰撞中开阔自己的视野，发散自己的思维。

3．完善课堂检测单

课堂检测是对学生学习效果的检测，也是对教师教学成果的检测，因此，要在教学中重视课堂评价，完善课堂检测单。

例如，在一节课的学习任务完成以后，教师可以采用以下三种方式来对学生的课堂学习进行检测和评价：（1）试卷检测。这是最简单、最直接、应用最广泛的一种测评方式，但是我们也要意识到，这只是一种参考依据，不能把它当成唯一的标准。（2）学生互评。可以采取学生互评的方式，让学生之间相互检测，既活跃了课堂的组织形式，增加了课堂检测的乐趣，又可以得到相对客观的评价，让我们的课堂检测更加科学、合理，更能反映出学生的真实水平以及各方面的素质。（3）借助信息化教学平台进行检测。运用信息化手段进行实时检测，学生在平板或手机上提交答案，推动课堂检测单的数字化、信息化和现代化。

4. 适当引用"微课"教学

"微课"教学是新课程改革背景下，依托互联网信息技术的发展成长起来的一种新型教学方式，作为"三单一课"教学模式的重要组成部分，"微课"在教学中发挥了不可忽略的作用。结合教学内容，我们可以巧妙地应用"微课"教学来辅助学生的学习。

例如，在课堂教学中，教师可以事先从网上搜集一些相关的教学视频，然后组织学生观看这些教学视频。一方面，利用这种形式，迎合了学生喜欢接触新鲜事物的心理特点，充分调动了学生的多种感官，有效地激发学生的学习兴趣，保证学生积极参与课堂教学。另一方面，"微课"教学的形式可以简短、凝练地把丰富的教学内容浓缩到视频里，有效突出重点，详细地讲解难点，促进学生的理解和吸收。

在教学实践中，教师要充分分析学科特点、教学内容、教学目标和学生要求等，把握好"三单一课"的各个环节，以精益求精的工匠精神来组织教学，促进学生的发展与进步。

第四节　培养工匠精神

"中国制造"遍及全球，成就令人瞩目。但不可否认的是，"中国制造"与"德国制造""日本制造"相比仍有差距。学习、借鉴他们先进的技术和成功的管理经验，目的是超过他们。学习"德国制造""日本制造"，倡导工匠精神，让我们制造的产品享誉世界，才能挺起"中国制造"的脊梁，从"中国制造"迈向"中国创造"。

在以培养职业人才为宗旨的在职教师培训中，还有很多观念上、实践上的问题，例如，重理论、轻技能，对技能不求甚解、要求不高的情况；在培训过程中没有职业纪律观念，没有行为规范要求，没有精益求精的质量意识。如果教师对自己没有高标准的要求，那教出的学生很可能也是马马虎虎。德国职业教育不仅重视对学员职业技能的训练与培养，在整个实训与实习过程中，包括量具的摆放、清理工作场地、工作服以及工作鞋等，都有十分严格的规范要求。习惯成自然，形成好的习惯，也是"工匠精神"的体现。

自1990年开始，平度市职业教育中心便与德国赛德尔基金会合作，借鉴德国的"双元制"开展职业教育，主要以数控专业培训为重点，推广"双元制"教育模式，使数控专业学生的基础技能有了普遍提高。实施"双元制"模式的同时，注重通过不同的培训手段渗透德国工匠精神，如行为规范、责任感和高质量意识。培训学生在实习中以正式的工人面貌出现，避免走马观花；不设置模拟性质的生产实习、见习实习，跟正规企业生产一样，必须生产真正合格的产品。

一、激发学生的学习兴趣

在数控专业培训教学中改变传统的由易到难的培训思路。如数控车床先按部就班地加工简单的圆柱、圆弧、内孔，然后再加工复杂的形状，如果过分强调尺寸精度，很难调动学生的学习热情。教师应该把这些枯燥无味的轴孔加工图纸先放起来，展示一些有趣味性的图纸项目。如加工"鸡蛋""蜡台"等形状的工艺品零件，这类零件没有复杂的结构和高精度的要求，只要"好看"和"好玩"，甚至有收藏价值，就很容易激发学生的制作兴趣。加工完毕以后，学生们会不自觉地互相比较，做得不理想的学员会自觉地去借鉴、学习、找原因，如导致接缝明显的原因是表面不光滑或其他缺陷等。在这一过程中，要想做到完美，必须有高的尺寸精度来保证。

比较和鉴赏分析促使他们做得更好，引发"头脑风暴"，自觉地进行创新设计。如将"鸡蛋"缩小成一个"鹌鹑蛋"，更提高了加工难度，这就需要改进加工工艺，调动学生的学习兴趣，树立质量意识，培养学生具备精益求精的工匠精神。

二、实施"双元制"教育

在培训中实施"双元制"。"千工易遇，一匠难求。"高素质的工匠是制造业发展的推动力量。"双元制"模式的核心和目的是让在校学生体验到企业工作中需要的技能和方法，保证学生毕业后即可上手成为企业的合格员工。在"双元制"模式下，课程模式、教学方法以及学习方法以德国职业教育为参照。在师资培训过程中，由于时间原因，不可能绝对按照"双元制"计划安排企业的生产实习，因此，教师可以尝试把企业的产品拿到学校，按照企业的产品质量要求来体验企业生产。

通过看似非常简单的轴加工，让学生感受到生产加工要有"凝神平气无言语，两手一心伏案牍"的工匠精神，感受到"术业有专攻"的秉持，感受到对产品品质的不懈追求，兢兢业业，苦心钻研，追求加工质量"从99%到100%"的完美态度和品格。

在培训中要做到"不因材贵有寸伪，不为工繁省一刀"的严谨，在实际训练过程中，面对的问题是有些学员想走捷径、"省一刀"。在具体加工过程中，往往求快、求速度，争第一，彰显自身的水平和实力。以车铣为例，机械加工都有粗加工、半精加工和精加工（工艺）的工序之分，目的是提高效率和保证质量（尺寸精度），要考虑内应力变形而引起的误差。如平面铣，由于改变材料原有的平衡，卸下工件后会发现工件有明显的变形，铣削深度越大，工件越长，变形也越大、越明显，所以要反复铣削。在教学过程中为了说明这个问题，利用三坐标等先进的检测设备，把手工无法检测的项目用可见的数据展现出来，引起学生的重视。

在教学过程中，为防止编制程序或其他失误因素的影响，突出"一补三调"的操作手段，使加工有补救的余地。

进行"一调"刀具参数，把让出的补偿数值根据计算的差值补回去。大小头误差以及修改刀补不能解决的尺寸，再进行"二调"程序来保证加工尺寸。如某段轴尺寸终端大了0.2毫米，那就修改程序段，输入一个X向的增量坐标"U—0.2"。根据加工中进给速度的调节情况，"三调"理想的背吃刀量、主轴转速和进给速度。坚持精雕细琢，不因一时一事动摇初心，让"不为工繁省一刀"的工匠精神、精益求精的质量意识深入到每个学生的内心。

重视团队合作，在培训中共同完成包括车铣钳等综合项目加工工作，学生的基础水平不同，无法独立完成项目加工。因此，非常有必要进行分组：把水平高的、基础好的与水平低、基础薄弱的分成一组；男学员和女学员搭配，性格开朗的和内向的搭配。通过合理分组，防止出现内耗，团结协作，共同完成任务。每组三至四名学员，水平最高的作为团队领队，根据每名学员的专长分工协作，共同完成项目的加工工作。

三、落实行动导向的教育法

"双元制"模式实训教学中，基础阶段多采用师傅带徒弟的"四段教学法"，即"讲解—示范—模仿—练习"。学员（徒弟）具备一定理论知识和实践技能后，行动导向就转为主要的教学重点。行动导向教学注重实践性，突出职业实践能力的综合培养，不仅要强调知识的学科系统性，而且要重视整个过程和解决实际问题，以及学员的自我管理能力。

教师可以在教学中以主持人或助手的身份激发学生的学习动力和兴趣，让学生主动制订计划、分工工作、查询资料、研究加工工艺等。在生产过程中，各小组间会不自觉地产生竞争与合作，竞争表现在比精致、比进度，让自己的产品更完美；合作是在设备安装使用的过程中进行的，组与组之间会自觉地相互协调相同零件的加工，充分利用合作资源，小批量生产相同的零件，不需要自己再进行重新编程、对刀等重复工作，既能节省时间，又能保证加工质量，充分发挥了学生的主观能动性。

第五章　工匠精神的培养

第一节　当代大学生工匠精神的培养

党的十九大报告强调，要建设知识型、技能型、创新型劳动者大军，弘扬劳模精神和工匠精神，营造劳动光荣的社会风尚和精益求精的社会氛围。因此，在"大思政"教育视角下开展对大学生工匠精神的培养，是更好地培养适合新时代应用型人才的需要，是高校教育改革的需要，更是高校思想政治教育工作"因势而新"的表现，具有非常重要的意义。

随着文化多元化、经济全球化的发展，高校特别是应用型高校开始注重人才培养顺应社会发展的需求，有意识地培养适应社会变革、具有工匠精神的人才。帮助大学生养成精益求精、诚实守信、勤勉尽责的职业精神，可以为大学生步入社会、适应社会提供有力保障。

一、培养大学生的工匠精神

重视大学生工匠精神的培养，是当代高校必须认真对待的问题，而对正处于学习阶段的高校大学生而言，爱岗敬业、敬业求精、推陈出新正是他们要学习的基本素养和优秀品质。

二、大学生工匠精神培养中存在的问题及原因

（一）敬业奉献精神的缺失

工匠们之所以能淡泊名利、坚定不移地对待自己的职业，那是因为他们有着一颗热爱自己事业的心。正对事业的热爱，才使他们的追求和奉献有了源源不断的动力。但当代大学生普遍缺乏吃苦耐劳、勤勤恳恳的敬业精神，缺少对人生的追求。

（二）精益求精精神的缺失

我国著名文学家胡适先生在《差不多先生》一文中讽刺了当时中国社会那些做事不认真的人。在现今社会，"差不多先生"大有人在，他们对生活、工作、学习的态度得过且过，从不认真推敲、仔细琢磨，这样的人在大学生中也普遍存在。他们对生活、学习、工作的态度自由、散漫，更不用说在技艺上追求精益求精的境界了。

精益求精作为工匠精神的核心精神之一，在我国有着悠久的历史传承。我国古代的能工巧匠们，运用他们的聪明才智和追求卓越、精益求精的精神创造出了辉煌而灿烂的文明。精益求精是一种态度，也是工匠们对事业的热爱和尊重。在对产品进行精雕细琢、反复加工、追求完美的同时，体现了工匠精神。

（三）创新创业精神的缺失

创新创业由不得半点虚假，它需要工匠精神为其增添动力、增加活力，用可靠的技术和实干的精神来扎实地解决职业生涯中遇到的难题。加强大学生创新创业教育，是顺应时代发展符合时代需求的。在"大众创业、万众

创新"的时代背景下，高校大学生创新创业教育已经成为高校教育体制改革中的一个工作重点。工匠精神的根本内涵体现着创新创业精神，推陈出新、艰苦奋斗是创新创业精神最好的诠释。

经过系统而全面的分析，大学生创新创业精神的缺失主要有以下三个方面的原因：首先是大学生创业意识不足。大学生正处于精力旺盛、思维活跃的时期，对未来的职业发展方向存在着无限的想象和憧憬，但是真正能付诸行动的却不多。其次是大学生创新能力欠缺。由于我国教育模式单一，整个社会缺乏创新氛围和创新意识，当代大学生的创新意识和创新思维与西方发达国家相比有着明显的差距。最后，有些大学生缺乏创业信心，做事瞻前顾后，不敢接受新鲜事物，害怕挫折和失败，就更谈不上在创业的过程中实现创新了。

三、思想政治教育视角下大学生工匠精神培养的路径

（一）树立全员培养的教育理念

全员育人，是指高校的全体工作人员都要搞好教书育人、管理育人和服务育人工作。第一，改革开放以来，高校成立了党委领导下的学生工作领导小组，全面领导和规划开展学生的思想政治教育工作，全方位地把握学生的思想动态，掌握意识形态的主动权，全心全意地为广大师生排忧解难；第二，教师是"全员育人"的主力军，在全员育人中主要突出"教书育人"，建立教书与育人相结合的有效机制，引导教师从理论和思想上全面培养学生的能力；第三，高校各部门管理人员也是思想政治教育工作的重要成员。

（二）优化校园文化环境

校园文化环境对当代大学生的成长和发展具有极其重要的作用，会在潜移默化中不断地影响着他们的行为。这一特点就要求广大教育工作者在注重培养大学生工匠精神的同时重视校园文化环境的优化，使其对学生产生更积极的影响。最根本的是要在整个校园文化建设中始终坚持社会主义核心价值观的培育，开展以实现"中国梦"为目标的系列校园文化活动。用弘扬以爱国主义为核心的民族精神和以改革创新为核心的时代精神为指导，以培养大学生的工匠精神为目标，使校园文化建设始终保持正确的方向，持续发挥全面提高大学生综合素质的作用。

（三）完善全过程培养的教育评价体系

首先，建立大学生思想政治的自我评价体系，这种评价体系注重大学生个人的认知，主要应体现出时代精神和学校育人的理念。只有这样建起来的评价方式才能被当代大学生所认可和接受。其次，建立大学生思想政治教育的学校评价体系，它主要包括学生评价方式、辅导员评价方式、院系考核评价方式等。最后，建立大学生思想政治教育的社会评价体系。对以培养实用型人才为目标的多数高校而言，社会评价方式是一种外部的结果性评价。它与学校内部进行的形成性评价紧密相连、相互影响、相互作用。

第二节　高职院校工匠精神的培养

2017 年的政府工作报告中提出："要大力弘扬工匠精神，厚植工匠文化，恪尽职业操守，崇尚精益求精，培育大国工匠。"劳动者素质对一个国家、一个民族的发展至关重要。技术工人队伍是支撑中国制造、中国创造的重要基础，对推动经济高质量发展具有重要作用。加快培养大批高素质劳动者和技术技能人才，要在全社会弘扬精益求精的工匠精神，激励广大青年走技能成才之路。在此背景下，高职院校在培养技能型人才的过程中，加强对学生工匠精神的培养，对推动供给侧结构性改革、促进制造业的转型升级、实现制造业的高质量发展具有重要的现实意义。

一、高职院校工匠精神培养的现状

当前，在很多高职院校中，对工匠精神的教育研究依然停留在相对简单的认知阶段，有的院校甚至认为工匠精神的培养就是开设几门课程，举办几次讲座，并没有深入地指导学生进行学习，工匠精神的培养环境有待改善，与课程的融合有待加强，教师的作用有待提升。

第一，尚未建立完善的现代职业教育体系。我国建设现代职教体系所追求的目标是要形成具有中国特色、世界水平的现代职业教育体系。但就目前的现状来说，整个社会对职业教育的认可度不高，现代职业教育体系仍不够完善。

第二，教育经费投入不足，导致工作难以深入开展。近年来，虽然教育经费在逐渐增加，但增加的速度赶不上需求的速度。要想让工匠精神的培育在职业教育中落地开花，必须加大对高职院校的经费投入。

第三，高职院校相关教师的缺乏。培养具有工匠精神的学生不仅需要教师有丰富的理论知识和先进的行业经验，其自身也需要具有工匠精神，通过自身的言行影响学生。但现实情况是，高职院校真正能担此重任的教师数量少，从外引进又缺乏资金支持，师资力量的匮乏成为制约高职院校实行相关教育的因素之一。

二、高职院校培养学生工匠精神的有效途径

第一，在真实情境中强化学生对专业的认知度和职业认同感。工匠精神的传承不是短时间内就能完成的，也不是只通过语言或者理论教学就能培养出来的，需要在真实情景中通过群体间的互动来培养。很多工作内容、工作环境是多年如一日没有变化的，是枯燥无味的，这就需要工匠对工作始终保持执着与热爱，能够在枯燥的工作内容中找到乐趣和自我价值，并始终保持对工作一丝不苟的严谨态度。这种精神的培育不仅需要学校的教育，更需要社会环境潜移默化的影响。

第二，改善培养学生工匠精神的文化环境。学生在学习期间就进入企业进行实习，让学生充分感受和体会到未来的工作环境，了解未来职业所需要的技能和职业素养，并通过企业文化标准检视学生存在的问题，不断提升自身的素质和技能。校园文化的熏陶也是培养学生工匠精神的重要方式。高职院校在进行校企合作时，可以让校园文化与企业文化相互渗透，可以充分利用校园的宣传手段，如校报、橱窗、展板、广播等，以学生喜闻乐见的方式，打造以工匠精神为主题的校园文化专题，通过专业技能大赛、第二课堂活动等，潜移默化地影响学生的言行举止。

第三，将培养学生工匠精神贯穿教育教学的全过程。学生学习基本技能和提高素养最直接的方式是课堂教学，高职院校应在现有课程体系的基础上进行改革，使工匠精神贯穿教育教学的全过程。高职院校在制订人才培养方案和课程体系时，可以使学校的课程设计紧跟企业和市场需求，采取工学交替的模式进行教学，使学生充分了解就业岗位的职业要求。

第四，完善教师队伍建设，潜移默化地帮助学生养成工匠精神。教师在学生成长、成才的过程中起着至关重要的作用，不仅要教授学生知识，而且也要在潜移默化中影响学生的思想和行为。在现有条件下，高职院校可以通过与企业进行深入的校企合作，联合进行人才培养时，开展"教师+师傅"的双重教育模式，教师队伍的构成不仅可以有学校的教师，还可以吸收企业中的技术人才，丰富、壮大教师队伍，双方互相补充，发挥各自的优势，让学生不仅能够学习到更加丰富的专业理论知识，而且能够紧跟企业岗位需求，将工匠精神融入学生的学习和生活中，进而达到培养工匠精神的目的。

第三节　国家审计人员工匠精神的培养

审计是我国监督体系的重要组成部分，培养审计人员的工匠精神，有利于国家审计人员践行全心全意为人民服务的宗旨，领悟国家赋予审计人员的权利，提高自我约束能力，激发审计人员的工作活力，充分发挥国家审计的监督作用。

一、打破审计工作的固有模式

以往的审计项目仅依靠传统的审计方法，事后收集证据，开展监督，审查人力、物力的分配情况，这种审计方法不利于预防风险。而且，审计工作的独立性太强，缺乏与其他职能部门的沟通，降低了数据衔接的连贯性，不利于发现问题。在新时代背景下，加强国家审计人员职业道德建设，有利于审计人员开拓创新，激发审计人员的工作活力，打破传统的审计模式，优化审计机制。

二、新时代视角下培养国家审计人员工匠精神的内容

工匠精神是一种职业态度，包含工作热情和工作创新。对审计行业来说，职业精神是审计人员对待工作的一种行为表现和职业价值取向。审计作为一个具有高度职业化的行业，更应该继承和发扬工匠精神，加强职业道德建设，培养审计人才。工匠精神是自身职业素养的体现，它没有具体且明确的外在形式，更没有严格且准确的评判标准，它依赖审计人员在工作和学习中积累的经验。审计工作中的职业精神具体包括以下四个内容：

（一）专注专一与持之以恒

审计工作对审计人员的专业性要求较高，而且审计工作往往需要处理分析大量的数据，耗费大量的时间，是一段枯燥且繁琐的过程。国家审计人员具备专注的职业精神，能从堆积如山的审计资料和纷繁庞杂的数据中找出疑点，从千丝万缕的联系中找到关键点，及早发现重大问题和潜在风险，探索行之有效的方法以取得实质性的进展。

专注专一的职业精神要求审计人员在审计工作中遇到疑难问题和复杂情况时，要沉下心来，耐心思考，追根溯源，不能随意定性，要始终保持职业怀疑能力和查实审计问题的危机感和紧迫感。持之以恒的职业精神要求审计人员在审计工作中进行全程监督，面对繁琐艰巨的审计事项，按照审计流程认真、严谨地处理，不可以半途而废、避重就轻，降低审计工作质量。

（二）爱岗敬业与尽责奉献

正所谓"干一行，爱一行"，爱岗敬业，是审计人员工作的基本要求。爱岗是指审计人员对从事的工作抱有热情，愿意将一腔热血注入审计行业，尽职奉献；敬业是指审计人员对自身工作行为的严格要求，加强自我约束能力，从大量繁琐的数据信息中找到问题所在。审计是一项光荣的事业，在审计全覆盖的背景下，国家审计人员要重新认识自己的责任，保持对职业的热情，关注行业的发展，充分发挥自身的主观能动性。

尽责奉献是指国家审计人员重视集体荣誉感，对审计事业有高度的责任感和使命感。揭示问题，提示风险，捍卫广大人民的利益。加强审计职业道德教育，使审计人员树立"责任、忠诚、清廉、依法、独立、奉献"的价值观。

（三）一丝不苟与精益求精

一丝不苟是一种追求卓越的工作态度。审计质量是审计工作的"生命线"，而一丝不苟是审计质量的"保障线"。一丝不苟的职业态度要求审计人员具备认真、细致的审计职业道德。审计人员需要保持严谨、细致的工作态度，深入探究问题，尽量避免可能出现的差错。应用在具体的审计程序中，要求审计人员依法依规、充分收集数据、准确分析信息、仔细编制审计底稿，作出具体、客观的审计报告。

精益求精是指审计人员在审计项目的过程中，立足全局，排查潜在的风险，始终客观、细致地对待每个环节，努力提高审计工作的专业化水平，积累丰富的审计经验，提出建设性的审计意见，努力成为审计行业的专家。

（四）矢志创新与追求卓越

矢志创新要求国家审计人员树立创新意识，打破原有的思维定式，将工匠精神融入审计理念、审计理论，积极推动管理制度创新、运行机制创新、人才培养创新，主动适应新体制、新职能和新使命，拓展审计监督的广度和深度，历史、辩证、客观地看待问题，探索新的审计方法，促进国家审计人员工作质量的有效提升。

追求卓越要求审计人员加强数据衔接的连贯性，积极探索数据共享的途径，不断提升审计工作的社会效益。

三、加强国家审计人员职业道德建设的路径

（一）以院校教育为主导加强职业道德教育

在中国特色社会主义思想的指导下，我国应加强以院校教育为主导的职业道德培养。一是高等院校在培养审计专业学生时，除开设专业课程以外，还可以开设相关的基础理论课程，如审计职业道德和法律等相关课程。二是开设审计专业实训课程，尤其是团队合作的实训课程，将理论知识与实际案例相结合，一方面可以提高学生的听课兴趣，有助于培养学生的创新精神和团队合作意识，提高学生的职业素养；另一方面可以对学生起到警示作用，通过讲解实际案例来教育学生，进而帮助学生树立客观、公正的职业态度。三是高校定期邀请审计部门的相关工作人员就"审计人员职业道德建设"话题开展讲座，讲述工作中遇到的职业道德问题，帮助学生深入领悟审计人员的使命，提高他们在面对利益诱惑时的自我约束能力。四是高校不定期开展职业道德讨论会，让学生自由讨论职业道德建设方面的问题，集思广益，提

高学生的参与度。

高校通过建设理论和实训相结合的教育体系，将审计专业的精神内涵转化为学生的自觉行为，促使学生将在学校所学的精神应用到审计工作中，全面提高审计人员的道德判断能力和职业素养，使审计人员成为爱岗敬业的示范者、公正客观的维护者、矢志创新的倡导者。

（二）选拔审计工匠模范

审计机关可以定期召集成员举办"审计先进个人"评选活动，具体量化评选标准，包括对审计及相关领域知识的掌握程度、从事审计的工作年限、基层工作经历、创新成果等方面的考核，推选先进标兵，宣传积极的审计职业精神，发挥模范的带头作用。随着互联网的普及，还可以在高校、审计机构等官方公众号上推送审计人才故事，大力宣传工匠精神。

（三）建立科学合理的奖惩机制

诚信是审计人员应具备的职业道德之一，是培养审计人才的重要内容。将职业精神指标纳入审计人员、审计项目考核体系，建立专门的奖惩制度，奖励具有优秀职业精神的审计人员，处罚违背职业精神的审计人员。建立奖励激励制度，促进审计人才发挥作用，提升审计人员的综合素质，对审计人员工匠精神的培养具有重要意义。例如，创立"审计节"，助推职业精神深入人心，在每年的职业节期间表彰先进的审计人才，提高审计人才的待遇。

（四）采用"互联网+审计"模式培养审计人员

审计人员分散在不同的审计现场，审计工作时常是分散的，互相沟通的时间少，间接降低了审计证据的相关性、对比性和连贯性。在这种情况下，审计人员往往只关注自己负责的部分，思考问题过于局限，容易产生疏忽。在"互联网+审计"模式下，需要审计人员对搜集到的数据进行加工、挖掘和整合，建立审计数据体系，提高对审计项目的对比能力。例如，建设"大数据审计资源库""数据信息分类体系"等，及时最新数据资源，增强审计的时效性与共享性。同时，依托"互联网+"拓展信息建设平台，优化信息工程，强化组织结构等多方面的审计作业，优化原有的工作模式，加强数据应用的连贯性。将"互联网+"模式融入审计工作，有利于开阔审计人员的眼界，帮助审计人员及时了解各方面的最新现状，更加多元化地获取证据，创新思维模式，将审计工作转为一种综合性的业务活动，提升审计工作质量。

第四节　云会计视角下会计人才工匠精神的培养

随着"互联网+"与会计工作的结合，云会计应运而生。云会计使会计的职能发生了翻天覆地的变化，这意味着会计就业环境的变化，因此，会计人才工匠精神的培养模式也发生了变化。

一、云会计带来的影响

（一）对会计行业的影响

1. 会计人才需求量减少

"互联网+"会计科技的产生促进了财务机器人的产生，财务机器人逐渐开始取代会计的核算功能。会计核算是按照企业会计准则和会计制度规定来记账、算账和报账的，具有一定的规律性。相比人工核算，财务机器人具有精确度高、效率高、综合成本低等特点，在企业中的运用前景大，导致会计人才的需求量大幅下降。

2. 会计信息质量要求提高

在"互联网+"背景下的大数据和云计算可以为会计人才提供实时化、多样化、个性化、共享化、透明化、集中化的会计信息。会计信息分散在企业各职能部门、供应商、客户、员工以及税务局等各政府部门，各个利益群体可以直接获取会计信息并为其所用。但随着互联网环境的变化，企业的资源组合也发生了变化，尤其是信息资源处理能力与企业发展息息相关。而这些资源目前还无法反映在报表中，除会计人才以外的人则无法通过报表评判企业的真正价值。因此，大量有用的信息并未在报表中反映出来，这使如何评价企业成为一个重要课题。

（二）对会计的影响

1. 会计的知识结构

"互联网+"时代推动了大数据、云计算等新技术的普及，传统的会计系统逐渐向互联网系统转变，会计的管理职能、核算职能逐渐增强。因此，会计人才不仅需要掌握专业基础知识，而且要了解大数据、云计算等网络应用知识，以适应网络平台的工作。知识结构需求的变化，意味着学校的人才培养方案、课程设置都需要进行改变。另外，从会计的职能看，会计的工作重心由核算开始向内部控制、财务分析、风险把控等方向转移，由技术向管理转移。这一系列的转移，要求会计具备大数据分析能力、管理能力和沟通能力等。

2. 会计的工作方式

会计的工作方式主要就是根据业务即原始凭证，编制记账凭证、账簿报表，而公司业务常态化使会计的工作围绕重复的业务开展，将大量的时间用在对过去信息的核算上，而忽视了运用预测等对公司而言更重要的职能，云会计的出现，使会计的工作发生了改变。首先，归集相关数据和编制报表需要大量的统计和计算，而云会计把财务会计工作者从繁琐的计算和统计中解放出来，让会计将更多的精力集中在对公司发展更重要的职能上。其次，云会计促进了电子发票的广泛使用，将相关的数据通过统一受理平台纳入电子底账系统，降低了纳税申报等工作的风险。

二、云会计视角下会计人才工匠精神的培养

（一）培养问题意识

发现问题就是创新的开始。要培养问题意识，首先要从思考开始。会计的基本职能在逐渐弱化，核算和监督等具有规律性的工作正在逐渐被互联网技术所取代，而会计的预算、决策、报表分析等都需要从思考开始，去寻找其中的脉络。要培养问题意识，首先要有拓展性思维，认识到业务之间的联系；其次，掌握提出问题的方法和技术。

（二）培养核心素养

核心素养是会计适应职业发展的关键，是会计不可或缺的品质、能力和精神。会计需要具备以下三个核心素养：第一，需要提供会计信息为企业等相关利益者所用，因此，会计要具备善于获取、分析、利用数据信息的能力；第二，会计要改变刻板、冷漠的工作态度，要善于沟通，为企业发展出谋划

策；第三，会计需要更新原有的知识结构。

核心素养的培养，势必体现在学校课堂教育层面，在知识结构上，必须对人才培养方案、课程设置等加以改造。在过去，会计的培养重核算，而现在，会计的培养重管理。要善于利用互联网，将线上教学与线下教学相结合，打造复合型、交叉型人才培养模式。

三、云会计视角下会计人才工匠精神培养模式的运作方式

（一）学校层面的培养

应将工匠精神潜移默化地渗透到学校的人才培养方案、课程标准建设中。在学校层面培养工匠精神，可以通过以下三个途径：第一，要改革人才培养方案和课程标准，课程设置上要加入工匠精神的内容，课程结构不仅要注重知识传授，而且要注重精神层面的渗透。第二，在课堂上，要改变传统的填鸭式教育，让更多学生通过线上学习，养成自主学习的习惯，提高发现问题的能力。第三，云会计的出现对教师提出了更高的要求，教师要借助教师研修网，提高自己的教学能力和信息化水平。第四，教师要注重实践能力的培养，从校企合作入手，健全校企合作机制，将校企合作成果运用到课堂教学中，真正使学生受益。

（二）政府层面的培养

首先，大数据、云计算等技术与财务的结合让会计的核算和监督等基本职能逐渐弱化，会计体系的建立需要政府的引导，《关于全面推进管理会计

体系建设的指导意见》《会计改革与发展"十二五"规划纲要》等文件的发表，都传递着会计职能重心转移的信号。其次，随着网络技术与人们生活的结合，新事物层出不穷，支付手段多样化，大数据、云计算等数字信息的整合功能使会计信息收效甚微，提高会计信息的真正价值，要组织理论界、实务界对目前面临的会计问题加以研究，促进"表外业务表内化"，真正实现会计信息的实用性、及时性和管理性。

（三）企业层面的培养

从企业角度来说，会计要主动了解主流业务和一线的实际运作，选择一个主流业务进行考试，将二级部门以上的主管视为重点考核对象。凡是考试不通过的，可以保留原工作职位，但是不能加薪。如果连续三次考试不通过，工资会被降级。在制度的严格监督下，让会计人员主动了解工匠精神。

第五节　职业教育中工匠精神的培养

用现代思想诠释工匠精神，其本质是一种职业精神，是职业道德、职业能力和职业素质的体现。敬业、专注、创新等工匠精神的丰富内涵，对职业教育中的职业素养具有重要的意义。

一、工匠精神在职业教育中的价值

近年来，基于市场对专业技术人才的需求，职业教育在中国迅速发展。这种需求反映了中国包容性国力的提高以及各个行业和领域对创新与发展的渴望。职业教育对人才培养的要求不仅在于职业技能水平的提高，而且还在于职业精神的养成。工匠精神所体现的丰富内涵与职业教育对培训人才的要求相吻合。工匠精神的价值突出了培养现代化职业教育人才的目的，对中国职业教育的创新和发展具有重要意义。

二、在职业教育中培养工匠精神的方法

（一）将工匠精神的含义整合到职业精神的培养中

专业精神是职业教育的重要组成部分。因此，要将工匠精神的培养与专业精神的培养相结合，争取达到事半功倍的效果。

在培养学生职业精神的过程中，高职院校必须自觉地渗透和融合工匠精神的丰富内涵。工匠精神的内涵在许多地方都与现代专业精神的内容相吻合，两者的融合将大大丰富培养的内容，达到事半功倍的效果。例如，工匠精神倡导的敬业精神和创新精神与专业精神所倡导的敬业精神的内容和目标是一致的。

（二）营造保护工匠精神的氛围

在职业教育中营造一种尊重工匠的良好氛围，保护工匠精神，是培养工匠精神的必要条件。在职业教育中，形成一种尊重工匠并保护工匠的精神氛围，其本质是对知识和创造的尊重。这不仅是培养和弘扬工匠精神的必要条件，也是现代职业精神的重要组成部分。

（三）将工匠精神渗透到专业技能培训中

在职业教育中，职业技能培训是非常重要的。工匠精神的载体是职业技能，这在职业技能的获得中得到了体现。因此，将工匠精神渗透到职业技能

培训中，对培养学生的工匠精神具有极其重要的作用。在这个方面，教师的专业素质以及对工匠精神的理解和实践起着至关重要的作用。此外，教师还应根据学生的综合专业技能，进行适当的个性化培训，强调个人技能的发展，使学生养成工匠精神，并对他们未来的职业发展产生重大影响。

（四）加强校企合作，培养学生的工匠精神

在中国古代，手工艺的传承是以指导和实践的方式进行的。徒弟从师傅那里学到的不仅是技能，还有对专业和个人成就的理解。现代学习系统在传统方式的基础上进行了更新，将重点放在培养专业技能和敬业精神上，同时也更加强调了学生的主观地位。在学校对学生进行培训后，再到相关企业进行实习，促进校企联合，使其成为培养工匠精神、发展现代学习体系的有效途径。校企合作是将传统培训与现代教育相结合的职业教育模式，学校和企业共同培训社会所需的高素质技术人才。校企合作充分发挥了学校和企业在培养学生方面各自的优势，使学生能够在学校内学习理论知识，在企业中了解企业文化和企业精神，使学生接受全面的培训，提高学生的整体素质。

工匠精神具有丰富的内涵，培养工匠精神不是一劳永逸的。在职业教育中培养工匠精神只是培训的基本阶段，它强调学生对工匠精神的理解，并在实践专业技能的过程中进行实际应用，努力取得初步成果。但是，我们必须认识到，在职业教育中培养工匠精神是不容忽视的，它将在学生未来工作岗位上发挥重要的作用，帮助学生掌握技能要领。

第六节 技能型人才与工匠精神的培养

科技在很大程度上改变了社会的面貌，为企业的可持续发展提供了不同专业类型的人才。在激烈的社会竞争下，企业对人才的要求越来越高，不仅要精明能干、技能高超，还要具备良好的职业素质，树立敬业精神，这也集中展现在工匠精神中。本节着重研究技能型人才的工匠精神培养，使其更好地为社会主义现代化建设服务。

一、新时期培养工匠精神的必要性

目前，高科技产业无处不在，爱岗敬业的技术人才更是国家兴旺、发达的根本。在新的历史时期，技术技能型人才可以进一步促进国家和社会的发展，所以，技能型人才工匠精神的培养，既是社会发展的需要，也是国家发展战略的要求。

二、技术技能型人才工匠精神的培养策略

（一）专业设置与市场对接

培养技术技能型人才的工匠精神，必须明确教学目标，以"为社会输送人才"为己任，与市场需求对接，设置合理的专业课程。为此，高校应注重市场调研，了解不同企业的不同需求，有针对性地设置相关专业的课程，确保技能型人才所掌握的内容更加接近企业的要求。同时，也要依据学生的兴趣设置专业课程和实践项目，用最新的企业动态去引导学生了解企业，让学生有高涨的热情去学习专业课，争做优秀人才，为技能型人才工匠精神的培

育提供保障。

（二）产教与工匠精神的结合

经过长期的历史实践，人们越来越意识到"理论联系实践"的重要性。刚出校门的学生，如果只凭借理论知识，是很难胜任工作的，这就要求高校合理地为学生搭建实践平台，使其一边学习理论知识，一边通过平台进行实践演练，其中工匠精神的培养至关重要。高校有必要进行产教融合，在学习理论知识中培养学生的工匠精神，帮助学生在产业实践中领会工匠精神，为学生提供良好的职业精神助力。

（三）企业主导现代师徒制

现阶段，为了充分发挥技能型人才的潜力，许多企业纷纷采用"现代学徒制"，而这对工匠精神的培养起着重要的促进作用。企业拥有明确的制度，可以让员工了解自己的职责、义务，以及失职后应承担的后果。通过现代师徒制，师傅可以获得相应的薪酬，会更加认真地教导徒弟，并在此基础上潜心钻研、尽心传授。

（四）打造学生的匠心品质

对高职院校学生工匠精神的培养，主要可以通过以下两个途径：第一，学校要注重学生的主体地位，鼓励学生参与实践，通过举办技能竞赛、作品展览、社团活动等，逐步培养他们的工匠精神；第二，强化考评体系，定期考查学生的职业操守，确保学生始终保持高涨的学习热情，以良好的心态正视专业，规划未来，自然地融入工匠精神的培养体系中，最终提高技能型人才的匠心、匠品。

拥有工匠精神的技能型人才更具有发展潜力，更能助推企业发展，促进产业升级。

第七节　职场化管理中工匠精神的培养

工匠不仅具有技术含义，而且具有更深层次的精神含义。因此，高职院校要培养出具有工匠精神的技能型人才，不仅要对学生进行技能培养，而且对学生要进行精神塑造。

高职院校学生工匠精神的培养是一个系统工程，对学生采用职场化的方式进行管理是这个系统工程中非常重要的环节。职场化管理，由于其在实践上具有规范性、养成性等特点，对帮助学生不断地突破自我，形成新的思维观念，养成符合未来职场要求的行为习惯具有十分重要的作用。

一、工匠精神与职场化管理

（一）职场化管理的内涵

职场化管理主要是指高职院校为了满足社会对人才的需要，而在学生日常管理中创设的一种职场化管理环境，是一种培养学生职场化素质的管理模式。职场化管理的基本特点是：按照职场对员工素质的要求设立管理目标和内容，按照职场人才的成长规律探索教育养成的方式和方法，让学生通过在校期间的学习和生活，对职场有初步的认识，为更好地适应社会和职场奠定基础。

（二）职场化管理与工匠精神的关系

职场化管理与工匠精神有着密不可分的联系。在高职院校中，培养具有工匠精神的人才，是教学管理追求的目标之一。职场化管理是学生进行社会体验，养成职业思维和良好习惯的"类职场"实践环节，对职场化素质的形成具有促进意义。职场化管理是培养工匠精神的手段，学生工匠精神的培养离不开职场化管理的教育、养成和实践。

二、职场化管理中工匠精神的培养

高职院校中，学生工匠技能和工匠精神的培养主要可以通过以下三个途径来完成：一是职场化教学。主要解决学生对工匠技能和工匠精神的认知问题，使学生掌握职场的基本技能，形成正确的工匠思维和工匠观念。二是职场化实践。主要是解决学生在专业知识向技能素质和精神素质转化的过程中遇到的问题，为学生奠定基本的工匠技能和工匠精神基础。三是职场化管理。主要是通过对学生的日常管理，培养学生作为一名工匠应该具备的精神品质和行为习惯，解决学生的职场适应性问题。

在职场化管理中培养高职院校学生的工匠精神，可以通过以下三种途径：

（一）营造成长氛围，培养学生成为工匠的愿望和信心

通过职场化管理培养学生的工匠精神，要营造一种工匠型人才成长的职场管理氛围，使学生在校期间就能够通过所见、所感、所思，对工匠型人才产生敬意，对努力将自己打造成工匠型人才充满信心。对高职院校的学生来说，通过工匠人物、工匠事迹的熏陶，开展工匠型人才目标教育引导，能够帮助学生认可和热爱自己的职业，尽快确立自己的人生目标。

（二）构建竞争激励机制，培养学生不断突破自我的精神品质

不断追求、突破自我，是工匠型人才的优秀品质。这种不断突破自我的精神品质，是在大量的社会实践中被激发出来和逐步养成的。在高职院校的职场化管理过程中，要始终围绕学生的工匠精神培养有目的、有计划地设置和运行，主要可以通过以下三种途径：

1．开展各种竞技活动，培养学生争先创优的竞争意识

在职场化管理中，学校要经常开展一些具有竞技性质的活动，如智力比赛、技能比赛、演讲比赛、歌咏比赛、征文比赛等。这些比赛都具有激励作用，对学生突破自我具有重要意义。

2．开展量化操行考核评比，强化和巩固学生的素质成果

按照工匠精神的标准进行量化考核。根据每名学生不同学期的不同表现加减量化分数，并将其作为评定奖学金、助学金，以及评优、评先的重要依据，激励学生提升自我能力。

3．树立标杆，让学生有追赶目标和超越对象

在学校管理中，可以按照工匠素质培养的需要设置标兵，如学习标兵、实习标兵、创新标兵、技术标兵等。这些不仅对学生本身有促进作用，而且对其他学生也具有促进作用。

（三）培养学生追求完美的工作态度

追求完美，是工匠对待工作的基本态度。这种工作态度通常是在日常生活和工作中，通过持续关注、刻苦钻研养成的。这种工作态度一经形成，会对之后的学习、工作和日常生活产生持续的指导作用。

高职院校的"职场化管理"，在培养学生追求完美的工作态度和精神品

质方面具有突出的优势。加强职场化管理，具体可以通过以下两个途径：

1．进行严格的制度管理

严格的生活制度能够有效地培养学生的工匠精神。如寝室卫生、队列标准，以及个人、团队荣誉等，都能够有效培养学生的工匠精神，这种精神一经形成，无论环境如何变化，都会持续、自觉地发挥作用。

2．组织学生积极开展公益实践活动

大量的社会公益实践活动能够有效培养学生的服务精神，如义工活动、扶贫项目、环保建设等。在参与公益活动的过程中，让学生真真切切地感受到精益求精、一丝不苟、专注耐心、专业敬业、淡泊名利、诚实守信等美好品质的价值所在。

高职院校的职场化管理在学生工匠精神的培养方面具有非常重要的作用。充分运用职场化管理资源培养学生的工匠精神是一项重要的教学任务。因此，高职院校在管理上必须解放思想，用新的理念来规划和指导各项教育工作，为培养学生的工匠精神找出新路，并使其发挥应有的作用。

第六章　工匠精神的实践应用

第一节　工匠精神在培养应用型
本科人才中的应用

在新时代背景下，培养应用型本科人才是现阶段高等教育的发展目标，也是建立现代职业教育体系的重要路径，作为教育人才培养体系的重要组成部分，注重应用型本科人才工匠精神的培养是十分重要的。

一、应用型本科人才的内容阐述

我国高等教育是由大学专科、大学本科、研究生三个教育层次构成的。针对不同的教育层次，其教学目标与培养目标存在较大的差异。所谓的应用型本科是指以应用技术类型为办学定位，而不是以学术研究类型为办学定位的本科院校。在高等教育院校向应用型高校转型发展的过程中，实施应用型本科教育在很大程度上能够满足国家经济发展对高层次应用型人才的需求，对推动我国高等教育的发展起到积极的促进作用。

应用型人才培养体系，更多地强调学生能学以致用，能够将所学知识充分运用到社会实践中。在这种培养模式下，应用型本科人才更加强调拥有基本的理论知识并将这些知识应用到实际生产、生活中。应用型本科人才在知识能力方面的要求相对较高，属于高层次人才。在其培养层次方面，中职、高职院校培养高级技能人才，地方本科院校培养应用型人才。总体来说，应用型本科人才主要是指在本科层次教育中具有扎实的知识基础、实践能力、科研能力和工程能力的优秀人才，能用所学的理论知识为一线生产提供必要的技术支撑，解决生产过程中遇到的技术难题。与传统本科人才相比，应用型本科人才具有较强的技术应用能力，更强调实践能力的培养，尤其是集生产建设、管理与服务等能力于一身的高等技术应用型人才。

二、应用型人才工匠精神培养的必要性

工匠精神是一种职业精神，是职业道德、职业能力、职业品质的综合体现，是从业者的价值取向与行为表现，其内涵涉及范围较广，包含敬业、专注、创新等方面。在新时代背景下，要建设知识型、技能型、创新型人才，弘扬工匠精神，营造"劳动光荣"的社会风尚与精益求精的敬业风气。新时代的工匠精神主要包含爱岗敬业的职业精神、精益求精的品质精神、协作共进的团队精神、追求卓越的创新精神等内容。在培养应用型本科人才的过程中，只有大学生对新时代工匠精神的基本内涵达成共识，才能够实现"树匠心、育匠人"的发展目标，为我国建设工业强国提供强大的发展动力。

培养应用型本科人才的工匠精神在很大程度上适应当前高等教育人才培养质量的发展要求。受我国高等教育培养目标的影响，应用型人才的培养和供给已经不能完全适应国家经济转型发展的需求，加强应用型本科人才工匠精神的培养十分重要。在工匠精神的引领下，我国高等教育、素质教育取得了重大的发展，在培养人才爱岗敬业精神、创新精神的同时，为提高人

才质量提供了新的发展理念和发展思路。

三、应用型本科人才工匠精神培养的实践路径

为了更好地实现对应用型本科人才工匠精神的培养，需要进一步加强顶层设计，建立并完善高校教师队伍体系。当前，在我国高等教育院校中普遍存在应用型教师队伍专业基础薄弱、应用型专业技能教学经验不足的现象。对此，高等教育院校需要紧紧围绕培养学生工匠精神的发展目标，为培养应用型本科人才构建育人体系，让学生在知识学习、社会实践中真正了解工匠精神的基本内涵，逐渐形成理论与实践相结合的应用型本科人才培养体系。

在当前高等院校教师队伍的建设中，辅导员作为管理学生发展的重要组成人员，要充分发挥其在培养应用型人才工匠精神方面的作用。辅导员可以在新生入学、日常班级会议和班级活动中讲解工匠精神，让学生时刻都能感受到工匠精神的魅力。

培养应用型人才的工匠精神作为当前学生思想政治教育的重要内容，要充分发挥高校思想政治教育的理论引领作用，让学生在生活学习中牢固树立工匠精神的意识。在培养应用型本科人才时，要牢固树立立德树人的教育观念，始终以工匠精神引领高校思想政治教育工作，将社会主义核心价值观与工匠精神有机结合，从课程的方方面面进行人才的培养。对此，学校可以通过开设工匠精神专题讲座，让学生对工匠精神的基本内涵、历史传统和时代价值，以及相关的践行要求有正确的认识和了解。与此同时，各个应用型高校在转型发展期间，可以结合地方的发展特色和本校的实际情况，加强本校工匠精神的物质文化建设，将这种精神建设融入学校建设的各个方面，

让学生从学校建设中充分认识了解工匠精神的意义。

在我国普通高等院校向应用型高校转型发展的过程中，应用型本科人才的培养更加注重其社会实践能力的培养。因此，在培养应用型本科人才的工匠精神时，要积极创新教学实践模式，增强相关专业教学实践模块，引导学生在实践教学中了解工匠精神。

在我国社会经济发展的新形势下，为了更好地培养适应经济转型发展的应用型人才，加强对工匠精神的培养与实践在很大程度上有助于提升大学生的综合素质，对其创新素质、职业素质的培养具有重要意义。

四、培养工匠精神对应用型本科教育的重要意义

2016 年政府工作报告中提道："鼓励企业开展个性化定制、柔性化生产，培育精益求精的工匠精神，增品种、提品质、创品牌。"将"中国制造"逐步过渡到"中国精造"。而工匠精神体现的就是一种"中国精造"的业务能力。

随着社会的飞速发展，我国的教育正处在从传统的规模扩张向建设教育内涵发展的新阶段，提升人才的质量成为重要的教育环节，"术业有专攻"，提高人才质量的关键在于提升专业技能。工匠精神，是指工匠对自己的产品精雕细琢、精益求精的精神理念。工匠乐于不断改善自己的工艺，享受产品在制造中升华的过程。工匠精神就是追求卓越的创造精神、精益求精的品质精神和用户至上的服务精神。

目前，我国技术人才缺乏的问题日益突出，追求投资少、周期短、见效快带来的即时利益，根源上是缺乏职业道德素养的体现。而应用型本科教育可以进一步满足我国职业人才可持续发展以及产业转型升级的需求，成为

我国培养技术应用型人才的迫切需要，对提高人才质量具有重要的意义，也是当下应用型本科高校的关键任务。

五、将工匠精神培育内容融入教育教学的全过程

促进我国由制造大国向制造强国转变，不仅要提高学生的创新能力，而且需要一个相当重要的支撑因素—职业道德素养，即专注、严谨的工匠精神。在大众的认知范围里，工匠精神是高职院校学生的必备素质，而与高职院校相比，本科院校更突出的是综合素质。应用型本科高校传授给学生必备的专业技能、专业知识，同时为社会培养高素质、高水平的人才，实质是为社会提供具有工匠精神的人才。将工匠精神培育内容融入教育教学的全过程主要有以下两条培养途径：

（一）专业课程中融入工匠精神

工匠精神在专业课程中的渗透，要结合专业课程体系进行教育。如会计专业，在专业课程的学习中要将专业、精细、务实、认真、负责的工作理念传达给学生，并融入学生未来的职业生涯；利用优秀的故事影响学生，结合学生的特点，在学情分析的基础上制订具体的人才培养方案，这就需要突出思想政治教育课程的作用，强化社会主义核心价值观的导向，突出职业道德素养的重要性。

提高任课教师的专业能力，提高专业课教师的业务水平，打破专业课与思想政治课之间的壁垒，跨专业协同合作，保障不同课程之间的同向、同行，搭建工作平台，让专业课教师、思想政治课教师、辅导员进行深入交流，统一目标，实现教师资源的最优整合。

此外，聘请各行各业的专家、学者与优秀人才，与学生展开近距离互动。同时，特聘在行业领域中的佼佼者作为客座教师，通过与学生的互动，让学生在潜移默化中感受教师身上的工匠精神。

（二）实训中深化工匠精神

在校内建设配套的实训基地，开拓动手操作，增加趣味性强的教学方法，使学生的实践需求得到满足。邀请行业内的专业人员辅助教学，增强教学效果。同时，建立严格的操作规范，布置有挑战性的动手任务，在实践中培养学生的工匠精神。对标技能大赛，激励学生在大赛中突破自己，日益精进。加强实践课的教育，让学生在实践课中感受职业道德，提高自身素质。

六、校企合作是培养工匠精神的必要条件

恪守职业道德是成为工匠的关键。要加强职业道德的培养，不仅要依赖专业课与综合实训的教育，更要依赖社会实践，深入了解企业、行业竞争是在社会中培养人才的关键。比如，可以通过政企合作，搭建高水平的产学研平台，在产业中加强技术创新体系，创建应用技术服务中心。营造良好的环境为工匠精神的培育提供制度保障，建设人才培养方案，推进人才激励机制的创建，提高对高技能人才的补贴和奖励，保障工匠们的权益，鼓励企业提供更多创业平台和创业基金。

第二节　工匠精神在机械制图中的应用

机械制图是一门理论性与实践性都很强的课程，不仅要求学生具有扎实的理论基础，还需要具备较强的实践操作能力。在加工制造过程中，需要综合应用专业理论知识、实践操作技能以及团队协作精神。要培养学生具备工匠精神，成为优秀人才，需要学生在掌握扎实的基础理论、系统的专业知识以及较强的实践操作能力的同时，具备一丝不苟、精益求精的工匠精神。

一、机械制图课程中工匠精神的培养

培养工匠精神不能仅停留在理念和口号上，更重要的是塑造工匠的过程。对机械制图课程来说，关键在于如何打造一种氛围，使学生在此环境中有机会成长为具备工匠精神的专业人才。

机械制图课程的教学目标是培养和训练学生绘制和阅读工程图样的能力，使学生成为理论知识扎实、实践操作能力强、具有宽广视野的应用型专业人才，需要遵循课程教育和技能训练的特定属性—实践性，减少理论讲解，增加实践训练，强调以工程实践辅助理论知识，基于工作过程与生产实际设计教学内容，培养具有工匠精神的工程化应用型人才。

二、工匠精神在机械制图中的应用

培养学生的工匠精神，使其在学习过程中养成精益求精的习惯，必须从以教师为中心向以学生为中心、从教师讲为主向学生练为主、从讲授型向指导型转变，使学生在这些过程中逐渐培养工匠精神。工匠精神的缺失和技能教育"被轻视"有关。在机械制图的教学中，教师要帮助学生将理论与实践融会贯通，让学生充分掌握课程内容，进一步培养学生的工匠精神。

（1）根据教学内容，教师精挑细选，选择工程实物的最合理形式来辅助教学。如讲授投影的基本理论时，选择实物模型或挂图；讲授基本体时，请同学制作纸制模型；讲授组合体、零件图、装配图时，利用三维虚拟模型辅助教学；讲授装配体、标准件、典型结构、典型产品时，通过动画模拟工程实际中的产品装拆、运动及功能。

（2）请学生分组制作基本体的纸制模型，引导学生观察实物模型，组内同学协作进行投影实验，讨论、归纳、总结、掌握投影理论。在此过程中，实物模型和投影实验通常不可能一次做好，需要进行大量修改和多次完善，讨论结果需要被不断细化、不断精确，而这个过程正是工匠精神的体现。

（3）将工厂实际零件以及相关生产资料带进课堂，采用引导观察、理论讲解、分组讨论、练习绘制等步骤，实现讲与练的结合。学生在此过程中遇到的任何问题，都可以通过组内讨论或自行查阅或请教老师来加以解决。零件在生产制造过程中的每一次细微的改动，都是对产品的精雕细琢；学生在学习过程中提出的每一个问题，求得的每一个答案，都是对知识技能的精益求精。

（4）拓展知识面，在学习中追求工匠精神。教师给学生提供学习资源，如微课、云班课、慕课等精品课程资源，以及制造类微信公众号、期刊、专家讲座等，引导学生接受除课堂以外的继续教育，不断提高专业水平，成为优秀的应用型人才，对学习内容的精益求精也是工匠精神的体现。

（5）对学生的所有学习成果，如制作模型、投影实验、分组讲解、知识归纳、图样绘制等，教师都应给出合理、详细的评价体系，引导学生一丝不苟、精益求精地开展实践活动。

机械制图是工程类专业重要的基础课程。因此，要培养学生具备一丝不苟、精益求精、追求卓越的工匠精神。从工程应用的角度出发，进行实践技能与理论知识的同步教学，潜移默化地培养学生的工匠精神，为中国制造培养更多的能工巧匠。

第三节　工匠精神在高职焊接专业教学中的应用

很多的高职院校都非常重视学生职业技能的养成，特别是制造类专业，非常重视培养学生的工匠精神，工匠精神正在受到越来越多人的关注，很多高职院校正在通过开设相关课程或者以专业讲座的形式培养学生的工匠精神。目前，高职院校一般会请企业中的优秀人才或技术人员到学校来开展讲座，进一步提高学生的工匠精神，而且学校还会设立关于职业知识的选修课，建立专业组织，举办学校内部的职业技术比赛等。

一、重建现代学徒制课程体系

工匠型人才需要其在具备专业知识的同时，还要拥有动手实践能力。高职院校和不同地区的企业建立合作关系，不断地为企业提供专业化人才，而且学校能够从这种合作关系中了解企业对焊接岗位职业的真实需要，进一步确立培养焊接专业化人才的教学计划，开设专业技能类、文化知识类、职业需求类课程，实现企业对焊接工人的技术要求，学校与企业的合作要坚持合作共赢、职责共担的原则，制订出合适的课程培养体系和专业的教学计划，按照企业对该岗位的需要安排合适的实践课程培养方案，学校和企业在参照行业标准的同时，共同制订专业技能和职业素养并重培养的课程培养计划，根据国家职业标准所要求的教材，建立实践与理论相结合的课程体系。

二、采用工学结合的教学模式

专业知识是从事某一职业的真正需求，是职业外在的表现，而职业素养指的是综合性的品质，这是在知识体系的基础上，在特定的工作背景下逐渐形成的职业内在需要。本科的工匠精神培养就是在促进学生知识、技能、素养共同发展的同时，更加注重提高学生的职业素质。将知识的传授作为基础，能力的提升作为重点，将理论与实践相互结合，部分专业采用工学结合的教学方式，也是学徒式的教学方式，把焊接专业学生技能的培养分成课堂知识的讲解、企业基本知识的培训、专业技能的提高和真实岗位训练四个部分。在后三个部分中，学生主要将精力放在学校的培训基地或者企业的实际岗位上，在培训专业技能的时候一般是由企业中的专业人士教导学生在某一岗位上进行职业技能训练，把理论知识和实际操作结合起来。通常情况下，学校教学的最后一个学期会要求学生进行定岗实习，主要是由企业具体岗位上富有经验的专业人士来教导学生，为学生讲解专业知识，帮助学生在自己的实践岗位上逐步形成真正的工匠精神。

三、培养校企互聘的"双导师"团队

工匠精神的培养主要是在实际工作中形成的，主要由专业技能的培养、职业意识的培养、职业素质的培养三个方面构成，高校要逐步建立由企业导师与高校教师所构成的"双导师"团队，这是培养学生工匠精神不可忽视的环节。学校教学的首要目标是为学生讲解焊接的理论知识，高职院校的教师任职要求中指出，在岗教师必须具有一定的实践能力和操作能力，同时具有扎实的理论知识，掌握现阶段先进的焊接技术。学校要为在岗教师提供培训，提高在岗教师的实际操作能力，可以将教师派遣到一些焊接工艺相对比较成熟的企业中去参加培训，进一步扩充兼具丰富的理论知识与优秀的实践操作能力的高素质人才队伍，为学校储备更加优秀的导师人才。企业导师一般负责学生在企业实习时期的学习与训练，在特定的岗位上帮助学生了解工艺需要、质量要求和企业文化等，帮助学生掌握专业技能知识，培养学生的职业素质。企业导师除了要具有良好的职业素质和丰富的实践经验，还要具有强烈的爱岗敬业精神，在以学徒制为基础的实践能力培养过程中，企业导师要起到良好的带头作用，用自己的行为举止去影响学生，培养学生的工匠精神。

四、将工匠精神编入教材

可以体现工匠精神的教材需要学校与企业合作编写。学生在不同的阶段对专业知识的需求是不同的，职业素质的培养在不同阶段也是不同的。比如，在企业访问岗位阶段和专业课程初识阶段，学生对职业素质的培养也只是有一个整体的认知，只包括体会企业的文化、人员的精神品质、工作氛围等，学生在轮岗以及顶岗的时候，就可以更加详细地去了解企业文化，在特定的岗位上体会企业文化，学习职业素养。例如，在制造类的企业中，从学生变成员工，不仅是身份的转变，而且是思维习惯、行为能力的转变。再例如，质量方面，学生在实习的时候一般会需要自己加工一个零件，之后由企业导师按照加工零件时的表现以及零件的质量进行打分。零件有着形状、质量、大小等不同方面的要求，学生的加工若是只做好了其中的一部分，也会给予相应的分数。不过，企业在真正进行生产的时候则不同，只有当某一产品满足全部要求时才可以判定为合格，若是该产品的多项要求中存在不合格的方面，那么该产品就是不合格品。学校在进行实际训练时往往将这些产品的技术要求进行独立的规范，但是在企业实际生产产品过程中，技术要求却是一个不可分割的整体。

工匠精神的培养离不开社会各方面的努力，教育领域要建立初等教育、中等教育、高等教育、应用型大学与研究型大学等有效结合的教育系统，真正培养出"工匠型"的人才。而且，本科学校在向应用型学校进行转变时，应该创新人才培养方式，把培养工匠型的高水平人才作为学校的教学目标，建立"学徒制"的课程体系，采用"工学结合"的教育方式来开展教学，进一步优化校企互聘的"双导师"团队。学校与企业一起承担人才培育的任务，建立人才培育的有效机制，不断培育出具备丰富的理论知识及一流的实践能力的工匠型人才。

第四节　工匠精神在高职数控实训教学中的应用

在"制造强国"战略目标的影响下，工匠精神的提出和应用对高职数控实训教学产生了极大的影响，已经成为推动高职数控实训教学的重要力量。在高职数控实训教学中，加强工匠精神的培育，既可以提高学生的专业知识技能、帮助学生更好地内化教学知识点，又能够提高教学的精细化管理水平、确保获得良好的教学效果。

一、工匠精神融入高职数控实训教学的可行性因素

（一）数控实训教学中的工匠精神

在社会不断发展的过程中，工匠的内涵也发生了极大的变化，工匠精神中认定的工匠，主要是指用高度的专注精神和忠于职守的品质，发挥自身在工作岗位中的作用，彰显出自身价值的人。

在职业精神范围内，工匠精神占据着重要的地位，主要是指在人生观念影响下反映出的职业思维和职业态度等，现已成为从业人员的价值取向。这要求从业人员具备严谨的工作态度，并树立精益求精的意识。

（二）工匠精神融入高职数控实训教学的重要性

1. 有利于更好地传承工匠精神

对数控技术专业来说，工匠精神的融入对培养学生的技术、技能具有极大的帮助，如数控编程技术和数控加工技术，就明确提出了要注重工匠精神的培养要求。在该专业实践技能的培养过程中，要高度重视相关实践教学环节，如实验、实训以及顶岗实习等。其中，实训环节与实际生产之间有着密切联系，可以大大提高学生的专业技能和职业素养，从而更好地将工匠精神传承和发扬下去。

2. 有利于提高学生的敬业精神

对高职数控实训教学来说，要求学生提升自身的专业技术能力，并树立艰苦奋斗的品质。在学习过程中，通过工匠精神，可以不断培养和提高学生的学习能力和领悟能力，并创造良好的学习氛围。

3. 保证学生具备良好的创新精神和设计能力

高职院校要想实现机械专业从业人员的培养目标，必须要利用工匠精神培养数控实训专业学生的创造性和主动性，突破固有的思维模式，充分激发学生的想象力和创造力。此外，借助工匠精神，也可以大大提高学生的设计能力和操作能力，整合理论知识和操作实践，不断修改自己的作品，充分彰显作品的价值。

二、工匠精神融入高职数控实训教学中存在的问题

（一）缺少深入的培养内容

如果工匠精神人才培养内容比较浅显，那么极容易导致工匠精神教育模式形同虚设，很难将工匠精神充分发挥出来，难以保证教学内容的选择与工匠精神的实践内容保持一致，最终严重阻碍高职院校人才培养目标的实现。在传统教学模式中，过于强调在短期内掌握知识内容，没有高度重视学生的心理变化，一定程度上造成学生难以对工匠精神形成正确的认识，也难以提高学生的学习兴趣。

（二）教学模式不合理

因为学生构成具有一定的复杂性，所以如果教师只通过传统的教学模式来促进教学活动，将会很难提高学生的学习兴趣，也很难提高学生的专业技术水平。一些高职院校在招聘教师时，往往倾向聘请实践经验丰富的教师，但在实际数控实训教学开展的过程中，过于注重"演示教学法"的应用，虽然使学生的技术操作水平得到了提升，但并未有效培养学生的创新能力，所以很难取得良好的教学效果。

（三）教育体系不完善

在高职院校数控实训专业技术教学的过程中，实训实践是重要的环节，满足专业人才实践培养的需求，要加强构建专业教育培养体系。实训课程教育体系不完善，即在现有专业教育结构方面，实训实践所占的比重不高，容易引发教学矛盾，无法将工匠精神的作用充分发挥出来。例如，一些高职数控实训教学，虽然确定了明确的教学方向，但多元化教学体系不完善，也没有建立奖励机制，导致工匠精神形同虚设，教育管理模式的有效性大打折扣。

三、工匠精神融入高职数控实训教学中的实践对策

（一）深度挖掘工匠精神的资源内容

在高职数控实训教学中，加强工匠精神的挖掘和应用，对教学内容可操作性的提高具有极大的帮助。在挖掘相关内容的过程中，必须要对学生是否接受相关教学项目进行深入分析，并且在高职数控实训教学中，对实践性给予高度重视，不断培养和提高学生的学习兴趣，对可接受程度较高的教学资源进行优先选择，逐渐提升工匠精神的培养意识，从而确保理论教学内容与基础教学工作相结合。

此外，在高职数控实训教学教材中，高职院校要结合专业的需要，加强与企业之间的交流和合作，以此来确保专业所需教材的契合性和可行性。按照数控实训专业技术的培养要求，对学生学习的不同侧重点进行分析，将各方面学习的不同侧重点在学习的过程中充分体现出来。

（二）加强工匠精神的实践活动

在高职数控实训教学中，应用工匠精神激励学生，对提高机械制造技术具有极大的帮助。但是要想实现工匠精神和高职数控实训教学融合的目标，对教师来说，必须要对教学内容和工匠精神的内涵进行深入的分析，加强教学活动项目设计，不断提高学生的技术操作水平和创新能力。另外，要结合工匠精神以及企业产品需求与人才需求，确保教学活动设计的合理性，充分彰显工匠精神。

例如，在零部件加工实践课程中，要想充分体现工匠精神，教师可以对重复训练的教学活动进行设计，确保学生在零部件加工过程中，可以借助反复加工，提升自身的实践操作能力。在重复操作的过程中，教师可以借助工匠精神，不断地引导和鼓励学生，使学生感受到学习的快乐。

（三）完善工匠精神的实训课程

高职数控实训教学过程中，构建完善的专业教育培养体系至关重要。首先，要明确教学方向，建立多元化的体系和教育奖励机制，将实训能力纳入教学奖励，进而使工匠精神转变为一种有效的教育管理模式；其次，在实训教学工作中，要加强工匠精神内容的应用，提高学生的钻研意识，实现教学模式由量化向质化的顺利过渡。

（四）构建工匠精神的校园文化

1．开展校企合作

通过开展校企合作，可以进一步践行高职数控实训教学的人才培养目标，而且与工匠精神的培养要求也具有高度的契合性。高职院校要邀请企业在职人员积极参与到课程环节中，并针对工匠精神的培养提出有针对性的看法和见解，进而使培养工匠精神落实到位，充分发挥校企合作的力量。

2. 引入企业文化

在文化建设方面，高校和企业要保持密切的联系。对企业管理者来说，可以结合学校的规章制度，提出自己的想法，并作为高职院校制订培养方案的重要依据。高职院校要善于学习企业的相关规定，并据此来规范学生的日常行为，不断提高学生的工作效率，使高职学生感受企业文化，为顺利步入工作岗位做好准备。

在高职数控实训教学实施过程中，学校可以不断提升高职学生的技能水平和综合素养，使其成为一名德才兼备的专业型数控实训人才，促进高职数控实训教学的顺利进行，满足企业人才培养需求，进而使校园文化绽放出工匠精神的光芒。

第五节　工匠精神在中职教育中的应用

工匠精神要求从业者要热爱工作，要刻苦钻研、耐心专注，要将创新思维应用到工作中，其基本内涵可以概括为敬业、专注、精益与创新等。不论在哪个时代，工匠精神都是值得被推崇的一种优秀品质。因此，教师在教学过程中，也应该注重培养学生的工匠精神。

一、工匠精神在中职教育中的重要性

在中职教育中，工匠精神在道德教育、专业课程的学习以及实践教育等多个环节中都有体现。中职教师在课堂中融入工匠精神，可以在一定程度上将这种精神渗透给学生，提升中职学生的素养。同时，工匠精神是一种企业要求的职业素养，因此，中职学校教育应该注重培养学生的工匠精神。

（一）中职教师需要具备工匠精神

教师应该传授给学生知识，辅助学生解决在日常学习中遇到的问题。在教学过程中，教师以引导者的身份存在，需要以身作则，只有这样，才能更好地引导学生学习专业知识，将学生培养成为具备良好职业素养的专业人才。中职教师如果想将工匠精神融入教学，这就要求教师自身也具备这种精神。因此，教师应该从以下几个方面培养工匠精神：提高自身的专业技能，是中职教师培养工匠精神最基本的要求。在信息快速发展的当今社会，教师应该通过不断学习，来提升自身的专业技能。教育部门也应注重教师能力的提升，为教师提供广阔且良好的学习平台。教师可以利用这些平台，拓展知识的储备，从而提高自身的专业能力及职业素养。

此外，当今社会对教师言行举止的约束较多，因此，师德师风的建设十分重要。学生在中职学校学习的过程中，和教师的接触比较多，教师的职业素养也将潜移默化地影响中职学生。教师只有自身具备了工匠精神，才可以将这种精神渗透给学生，使学生终身受益。教师在教授学生时应该要有耐心，充分运用工匠精神，不断指正学生的缺点，帮助学生不断地完善自我。

（二）中职学生需要具备工匠精神

育人是教育的根本目的，教师通过授课教授学生知识，是一种育人的方式。中职院校想要提升教学效果，就要在教学过程中加强培养学生的学习素养。

在计算机应用基础课上，教师对实验操作进行示范以后，学生便可以依照步骤较快地完成。但若让学生根据文字说明，自己动手操作，大部分学生便会降低完成速度，甚至产生厌烦情绪。由于缺乏耐心，导致学生被动地进行学习，学习效率低。同时，部分中职学生听课时，经常处于走神状态，这导致学生跟不上教师的课程进度，不利于学生掌握知识。此外，大部分中职学生，只是在学习中机械地完成教师安排的任务，对完成质量的高低并不在乎，缺乏刻苦钻研的精神，不利于学生工匠精神的培养。

二、计算机应用基础教学中培养工匠精神的措施

（一）培养学生细心的品质

在计算机应用基础课程的实训教学中，教师应该让学生对实训的场地进行提前检查。检查内容包括设备是否完整以及卫生是否合格等细节。学生发现问题后要及时报告给老师，让问题及时得到解决，防止因为细节问题影响实训的进行。实训完成后，教师应该监督学生正确关闭电脑，填写实训表格，整理实训场地。从细节入手，培养学生细心的品质，逐渐让学生养成工匠精神中的细心品质。

（二）培养学生学习的专注度

学习专注度不高，是中职学生普遍存在的问题，而计算机基础运用这门课程的时间比较长，学生很可能在上课时走神。因此，在这门课程的教学过程中，教师应该注重培养学生的耐心及注意力。比如，可以在课堂的前几分钟，让学生进行打字练习。学生通过打字练习，不仅可以提高文字录入的速度，而且可以让学生静下来。长此以往，不仅有利于培养学生学习的专注度，

让学生将注意力转向课堂学习，而且有利于让学生更好地掌握所学的知识和技能。

　　工匠精神不是一朝一夕就能养成的，它需要在实践中不断磨炼才能够培养起来。中职学生正处于意识觉醒的关键时期，教师应该抓住学生这个时期的特点，将工匠精神融入教学，潜移默化地影响学生，增强学生的内在职业素质，为学生今后的学习和工作奠定良好的基础。

参考文献

[1]方祥建,邓智.工匠精神与格力"完美质量"管理模式[J].中国质量, 2019,（6）:90-93.

[2]理查德·桑内特.匠人[M].李继宏译.上海：上海译文出版社,2015.

[3]毛泽东.毛泽东文集（第7卷）[C].北京：人民出版社,1999.

[4]维克多·奥辛廷斯基.未来启示录：苏美思想家谈未来[M].徐元译, 上海：上海译文出版社,1988:193.

[5]马克斯·韦伯.学术与政治[M].冯克利,译.北京：三联出版社,1998:38.

[6]柏拉图.理想国[M].郭斌和,张竹明,译,北京：商务印书馆,1986:172.

[7]魏源,魏源集（上册）[C].北京：中华书局,1976.

[8]稻盛和夫.干法[M].曹岫云,译.北京：机械工业出版社,2015:9-10.

[9]麦金太尔.追寻美德[M].南京：译林出版社,2003:242.

[10]蔡元培,蔡元培教育文选[C].北京：人民教育出版社,1980.

[11]秋山利辉.匠人精神[M].北京：中信出版社，2015:3-18.

[12]卡尔·雅斯贝尔斯.什么是教育[M].邹进,译.北京：三联出版社, 1991:33.

[13]塞缪尔·斯迈尔.品格的力量[M].北京：人民日报出版社,2004:86.

[14]陶行知.中国教育改造[M].北京：商务印书馆,2014:104-105.

[15]伊曼努尔·康德.论教育学[M].赵鹏,等,译.上海：上海人民出版社, 2005:28.